基于自由三角表的
低冗余动态拓扑结构
分层算法与填充

于文强　著

机 械 工 业 出 版 社

本书详细论述了遍历范围逐步缩减的动态拓扑分层算法，开发了基于 MFC 单文档应用程序框架模板和 OpenGL 图形库的分层处理应用程序 STLSlicing，实现了 STL 模型的三维可视化、等厚度分层及适应性分层等功能。并进行了熔积成型区域填充路径的优化研究，针对 STL 模型形成的轮廓截面的误差，采用 NURBS 曲线和直线相结合的方法，使轮廓曲线更加逼近原截面轮廓，比单纯使用 NURBS 曲线减少了工作量，缩短了拟合时间。

本书主要为从事增材制造的工程技术人员和科研人员提供技术参考，也可供相关工程技术人员参考使用。

图书在版编目（CIP）数据

基于自由三角表的低冗余动态拓扑结构分层算法与填充/于文强著. —北京：机械工业出版社，2022.1（2024.1 重印）
ISBN 978-7-111-55532-2

Ⅰ.①基… Ⅱ.①于… Ⅲ.①快速成型技术 Ⅳ.①TB4

中国版本图书馆 CIP 数据核字（2022）第 030398 号

机械工业出版社（北京市百万庄大街22号 邮政编码100037）
策划编辑：丁昕祯 责任编辑：丁昕祯
责任校对：肖 琳 李 婷 封面设计：张 静
责任印制：常天培
北京机工印刷厂有限公司印刷
2024 年 1 月第 1 版第 3 次印刷
148mm×210mm · 4.75 印张 · 113 千字
标准书号：ISBN 978-7-111-55532-2
定价：49.80 元

电话服务 网络服务
客服电话：010-88361066 机 工 官 网：www.cmpbook.com
010-88379833 机 工 官 博：weibo.com/cmp1952
010-68326294 金 书 网：www.golden-book.com
封底无防伪标均为盗版 机工教育服务网：www.cmpedu.com

序

区别于传统的"去除材料"加工模式，快速成型技术是通过分层处理技术将复杂的三维零件变成一系列二维层面的加工技术，比传统的加工方法节约了工时和成本。快速成型技术的核心是分层处理，对模型的分层结果直接决定了最终的成型效率和精度。本书在以下四个方面做出了较为深入的研究工作：

1）在 STL 模型的三维可视化环节中引入了 OpenGL 的三个动态链接库。其中，几何内核库是核心，它定义了 STL 模型中几何对象（三角面片、单一实体等）的类；图形绘制库实现了模型显示的材质、光源和模型变换等功能；基本几何库是其他两个动态链接库的基础，它提供了基本的几何对象类与几何关系计算函数。通过以上三个动态链接库构建的层次结构，实现了 STL 模型的可视化。

2）在 STL 模型的等厚度分层算法中，搜索相交三角面片时，逐步删除那些已经参与过求交点的三角面片，实现遍历范围的逐步缩减，减少三角面片被重复搜索的次数。同时建立存储相交三角面片的对象（自由三角面片表）来存储当前层上的相交三角面片，并建立基于自由三角面片表的动态拓扑结构。动态拓扑结构充分利用了 STL 模型上相邻层之间信息高重复率的特点，能快速生成闭环轮廓。

3）在适应性分层算法中，首先根据 FDM（Fused Deposition Modeling，熔积成型法）成型工艺中的成型设备喷头规格以及所使用的耗材的热膨胀系数推算出分层厚度的最大值和最小值，确定适应性分层厚度的取值范围。在适应性分层厚度值的选择上，通过计算相邻层闭环轮廓之间的长度差值比率和重心偏移距离与设定阈值的偏差，来共同约束适应性分层的分层厚度。

4）在区域填充路径的优化研究中，针对 STL 模型形成的轮廓截面误差分析，采用 NURBS 曲线和直线相结合的方法，使轮廓曲线更加逼近原截面轮廓，比单纯地使用 NURBS 曲线减少了工作量，缩短了拟合时间。针对复合扫描方式，将不同的扫描速度、扫描间距和扫描方式相结合，提出最佳匹配的工艺方法，兼顾模型精度的同时减少了填充区域用时。将填充区域划分成一个个单独的子区域进行填充，并对各子区域描述路径先后顺序进行优化处理，以达到避免喷头跨越型腔，减少了子区间跳转的距离，且有效减小了翘曲变形。

小罗伯特·沃恩·汤普森　博士、教授

美国密苏里大学核科学与工程研究院、机械与航空航天工程系、微粒子系统研究中心

前　言

随着当前国家政策对快速成型技术的鼓励和扶持，国内许多研究机构在快速成型技术中投入了大量人力和资金。快速成型技术也依靠自身优势条件在汽车制造、航空航天、食品加工、纳米制造、工业设备、医疗以及军事等领域取得了许多重大的研究成果，并产生了翻天覆地的改变。中国传统制造业的转型离不开快速成型这一战略技术，但是在快速成型技术上，与国外先进水平相比，中国还有一定差距，进口的快速成型设备价格比较高，并且有很多限制使用条件。如何制造出自己的高尖端的快速成型设备是我们亟需解决的问题。如何有效地对模型相关数据进行处理，以及在保证打印模型精度和强度的条件下提高成型效率是需要解决的重要问题。

本书首先针对 STL 模型在快速成型技术中的分层处理环节进行了研究，开发了基于 MFC（Microsoft Foundation Classes，微软基础类库）单文档应用程序框架模板和 OpenGL 图形库的分层处理应用程序 STLSlicing，该软件以文本格式的 STL 模型为数据接口文件，实现了 STL 模型的三维可视化、等厚度分层及适应性分层等功能。书中提出的分层算法都在应用程序 STLSlicing 上得到了实现，分层效果的实例验证与其相应的理论分析结果基本一致。通过本书的研究，提高了等厚度分层的分层效率，在适应性分层中，在提升分层精度的同时分层效率也得到了保障，从而为下一步应用程序与快速成型设备的匹配提供了可能性。

　　然后，针对熔融沉积成型区域填充路径进行了优化研究，其目标是在满足模型表面轮廓精度的条件下缩短填充时间，提高熔融沉积成型填充效率。依据熔融沉积成型过程影响成型精度的因素综合分析研究，运用 NURBS 拟合的方法减少填充过程中的轮廓误差。在获得原模型的逼近轮廓曲线后，对截面轮廓内部进行路径填充。首先运用区域分割算法把存在孔、洞的轮廓分成两个或者多个单独的区域，再采用凹变形凸分解算法把每个单独区域分成多个子区域，该算法有效减少喷头跨越内孔以及非成型区域的次数。这样，喷头空行程仅存在于从一个子区域到另一个子区域的过程中。在运动学模型下，通过对熔融沉积成型技术填充过程中填充角度的分析研究，发现不同区域存在着最优的填充角度。在每个子区域采用不同填充角度的方法可以有效地减少填充时间，并且减少填充过程中内应力的产生。最后通过实例验证该优化方法的有效性和正确性，对保证模型精度、提高成型效率有很高的研究意义。

于文强

于 2022 年 3 月

目　录

第1章
绪　论

20世纪中期以来，制造业市场的经营战略已经历了三次变革：20世纪50~60年代，制造业厂商考虑产品的生产规模；20世纪60~70年代，制造业追求产品的成本控制；20世纪90年代至今，产品需求的响应效率成为引领制造业发展的方向。

1.1　研究背景

面对瞬息万变的消费者市场，传统批量化生产的市场战略在快速响应、成本低的小批量甚至个性化产品生产方面的弊端暴露无遗。因此，开发先进制造技术，提升制造水平，打造强有力的产品竞争力成为制造业发展的方向。基于这种背景，快速成型技术产生并被快速推广。

快速成型（Rapid Prototyping，RP）技术诞生于 20 世纪 80 年代末，是一种先进制造技术，它涉及机械设计制造技术、计算机辅助设计技术、逆向工程、NC（Number Control，数控技术）技术和激光分层制造等领域，能够高效、自动、准确地将设计意图转化为功能性原型或者直接生产零件。

增材制造（Additive Manufacturing，AM）始于美国，人们习惯称为 3D 打印，是当今被普遍热议、关注的话题。随着"中国制造 2025"等国家战略性计划出台，为快速成型技术的迅猛成长提供了良好的土壤。国内众多科研机构投入了大量的物力和财力，使得技术高速发展，并日趋成熟，快速成型技术已走进实际生产中并在航空航天、生物医疗工程、汽车制造、食品加工等许多领域得到成功运用。

世界上第一个快速成型制造模型是由美国科学家查尔斯利用光固化成型技术制造的，这标志快速成型技术的到来。国内第一家快速成型公司在 1993 年成立，与此同时，许多高校加入了快速成型技术的科研工作中。2015 年，国家为了推进快速成型产业健康发展，出台了许多相关计划政策确保我国拥有完善的快速成型产业体系，使我国的技术水平紧随国际先进水平。

通过上位机控制软件，快速成型技术驱动相应的硬件设备完成模型或零部件的成型。其中，上位机控制软件即是分层处理软件主要负责对目标模型进行分层处理，把三维模型切分成一系列厚度较小的二维层，将复杂的三维模型数据转化为简单的二维层面数据。分层软件的处理结果直接决定了模型的成型效率和精度。目前，快速成型行业还没有通用的分层处理系统软件，各公司开发的软件都与特定的硬件设备相匹配。如果要购买相应的软硬件就要付出较高的成本，且不一定能完全满足用户需求，因此就有必要对分层软件进行自主开发。

根据快速成型工艺原理、快速成型数据处理软件的特点，发现在整个快速成型过程中，填充路径具有非常重要的作用，会对整个模型的生成产生直接的影响。填充扫描的内容就是对当前分层截面轮廓线内封闭区域进行填充。现在填充扫描的方法有多种。根据实际经验，模型的精度、表面质量、力学性能和成型时间会因为不同的扫描填充方式而有很大差别。在成型过程中，因为设置不同的成型参数，模型的成型精度、打印时间也会有很大的不同。因此，如何根据分层得到的截面轮廓线优化填充路径以及如何选择填充过程中的参数是提高打印速度、精度的关键。针对填充速度和精度进行深入研究和改进，使快速成型技术在生产制造中能发挥更好的效果。

本文针对目前广泛使用的快速成型分层软件接口文件——STL 格式文件，开发了相应的分层软件，对 STL 模型的等厚度分层和适应性分层方面的内容进行了探索，并对熔融沉积成型区域填充路径做了优化研究。

1.2　快速成型技术概述

快速成型技术是一系列堆积式成型方法的总称，均为层层堆积式的成型方法。它将上位机上的目标零件在成型方向上进行分层处理，继而获得每个二维平面上的轮廓。软件将会根据所有的二维轮廓生成加工路径代码，并由上位机控制成型头在 z 方向上对每层进行固化或切割，逐渐形成零件坯件，最后再对坯件进一步处理就能得到最终的零件。根据快速成型技术的特点，一般将工艺流程划分成三个阶段，它们分别是：

1）前处理阶段。快速成型的硬件设备是由上位机软件中的三维模型数据信息驱动的，所以首先进行待成型件的三维建模工作。三维建模可以利用计算机辅助设计（CAD）软件（如 UG、Creo、SOLID-WORKS 等），也可以对已有产品进行激光或断层扫描得到点云数据，再对点云数据反求得出三维模型。建模完成后可能还需要对模型进行转化 STL 格式处理，STL 格式目前已经成为 RP 行业的公认标准接口文件。

2）成型阶段。将一系列有特定间隔（间隔即为分层厚度，一般取 0.05~0.5mm。取值越小，成型精度越高，效率越低，反之精度低效率高）且与分层方向垂直的分层平面与 STL 模型表面的三角形作求交运算得到封闭的轮廓，并对轮廓进行路径填充。再根据相应的轮廓和扫描路径生成快速成型设备可识别的 NC 加工代码。快速成型设备的成型头（如加热挤出喷头、激光器等）在上位机的控制下，根据 STL 模型分层得到的截面加工信息，在成型室内逐层堆积耗材，最终完成成型工作。

3）后处理阶段。不同的目标模型或成型工艺决定了成型件是否需要进行修整（如表面光整、再加固、去支撑等）。后处理环节能提升制件的性能，满足成型件的使用要求。如 FDM 工艺，当成型件存在外伸或悬空部分，分层时要考虑支撑结构，因此在成型结束后就要去除支撑材料。3DP 工艺对氧化铝材料进行陶瓷成型时，成型结束后还要对成型件进行烧结。

目前，市面上常见的快速成型技术主要有熔融沉积成型、光固化成型、选择性激光烧结、分层实体制造、三维印刷等。

1.2.1　熔融沉积成型

熔融沉积成型（Fused Deposition Modeling，FDM）是将具有热塑性的耗材（如 ABS、聚乳酸等）加热并从喷头挤出，按分层后给定的轮廓信息对当前层面进行选择性涂覆，一层成型结束后由喷头在成型方向提升一个层厚的高度或者成型平台下降一个层厚的高度，继续进行下一层的成型工作，层层堆积直至成型结束，图 1.1 所示为FDM 工艺原理图。

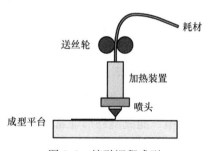

图 1.1　熔融沉积成型

FDM 快速成型技术目前已广泛应用于外观评估、功能检测、塑料件开模前评估、产品加工、教学等领域。FDM 工艺简单，耗材利用率高且寿命长，耗材在成型过程中不发生化学反应，翘曲变形小，适合加工概念或功能性的模型。但 FDM 工艺成型精度相对较低，当制件存在外伸或悬空部分时，就需要设计并制作支撑结构。

1.2.2　光固化成型

光固化成型（Stereo Lithography Apparatus，SLA）是利用光敏树脂遇到激光束产生固化现象的特性，由激光束按分层后的层面信息进行逐点扫描，完成当前层的固化成型，升降台下落一个层厚的高度，使已经成型的固体层面继续覆盖一层光敏固化液体，再进行下一层的激光固化成型，一直重复，直至实体成型完毕，其工艺原理图如图 1.2 所示。

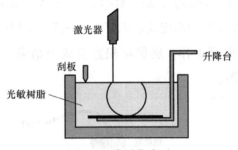

激光器

升降台

刮板

光敏树脂

图 1.2　光固化成型

利用光固化成型的方法能获得表面精度高且质量好的制件，原材料有近乎 100%的利用率，能成型外形非常复杂精细的制件。但光固化成型设备的价格一般比较昂贵。

1.2.3　选择性激光烧结

选择性激光烧结（Selective Laser Sintering，SLS）的耗材主要是粉末，利用红外激光器发出的光束，在事先预热铺平的粉末上根据分层平面上的信息进行烧结，完成一层后，成型平台下降一个层厚的高度，供粉室供粉，铺粉辊重新铺平进行下一层烧结，全部成型后清除多余粉末可得到目标零件。图 1.3 所示为 SLS 工艺原理图。

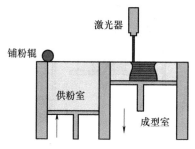

图 1.3　选择性激光烧结

SLS 技术有较高的成型精度，可成型功能性零件，成型时悬空件由未烧结粉末支撑，不用额外设计支撑结构。该技术在常见的几种成型方法里是耗材利用率最高的。但由于成型耗材本身形状的限制，成型件表面质量不高，一般需要再加工。SLS 的设备和耗材也相对较贵，某些耗材成型辅助工艺较为复杂。如聚酰胺粉末 SLS 成型时，粉末状的聚酰胺在成型室内激光照射后极易自燃，所以成型室内要布置阻燃环境，一般在成型室内冲入氮气，成型结束后还要在密闭环境内去除工件上的未烧结粉末。

1.2.4　分层实体制造

分层实体制造（Laminated Object Manufacturing，LOM）是将热熔胶涂于薄膜材料上，热压辊热压薄膜状的料带与上一层成型轮廓粘结，激光器按照分层后的界面信息切割出截面轮廓和零件边框，没有参与成型的区域被激光束切割成上下通透的网状结构。工作台下降一个分层高度，供料机构带动料带继续向前移动，如此重复操作直至零件加工完毕。图 1.4 所示为 LOM 工艺原理图。

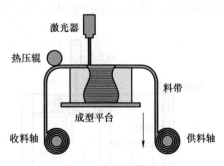

激光器

热压辊

料带

成型平台

收料轴　　　　　　　供料轴

图 1.4　分层实体制造

　　LOM 工艺采用的耗材价格相对便宜，适用于较大尺寸零件的成型，成型过程无需添加支撑结构，多余耗材易于清除。但 LOM 成型过程中的耗材利用率偏低，导致耗材浪费严重。随着快速成型新技术不断发展，LOM 工艺将有可能被淘汰。

1.2.5　三维打印

　　三维打印（Three-Dimensional Printing，3DP）通过喷头将粘结剂按分层后的截面信息选择性地喷涂在粉末材料上，粘结一个薄层，然后成型平台下降一个层厚高度（0.013~0.1mm）并由铺粉辊重新铺粉，继而层层粘结成目标实体。3DP 技术与 SLS 类似，但 3DP 不是直接烧结，而是先粘结，最后在后处理阶段进行烧结，去除粘结剂或进行渗金属等操作，从而提高零件强度。

　　三维打印技术耗材价格比较便宜，适合做桌面级的打印设备，耗材中混合颜料即可成型彩色模型，成型过程无需支撑，材料利用率高，适合作内腔复杂件。但该成型方法的强度不够，只适用于概念模型。此外利用该技术，成型结束后还需烧结，辅助工艺也相对较为复杂，图 1.5 所示为 3DP 工艺原理图。

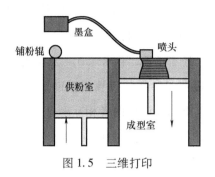

图 1.5　三维打印

1.3　国内外发展现状

快速成型技术自诞生以来，已经成为制造业中最先进的制造技术之一。快速成型行业的市场规模逐年呈现加速增长态势，从 20 世纪 80 年代末至今近 30 年的生命周期里，年平均增长率达到了 27%，最近三年的年增长率更是高达 32.3%，2020 年全球产值将突破 210 亿美元。

1.3.1　快速成型技术发展现状

1. 国际发展现状

国际上，快速成型技术经过将近 30 年的发展，形成了美国、日本、德国为主导的全球快速成型市场的局面，它们总共占据的市场份额高达 90%。其中包括许多知名企业，如美国的 3D Systems、Stratasys、ExOne，德国的 EOS、Envisiontec，以色列的 Solido 等。目前，快速成型技术发展表现为以下特点：

（1）产业规模逐渐变大　许多企业在壮大的同时会对其他上下

游企业进行兼并，如服务商、设备供应商以及其他相关企业往往都是被兼并的对象。其中最为瞩目的便是 2011 年 3D Systems 公司收购 Z Corporation 公司，还有 2012 年 Stratasys 公司与 Objet 公司的合并。3D Systems 公司还收购了参数化计算机辅助设计软件公司 Alibre，使得 3D P 技术与计算机辅助设计两者相互融合。

（2）新型材料不断出现　3D Systems 公司研制出名为 Accura CastPro（精准熔消模型材料）新型材料，该材料可应用于熔模铸造模型的制作。Kelyniam Global 公司已经研制出可植入颅骨的材料聚醚醚酮（PEEK），通过光固化成型技术制作颅骨模型对手术方案进行预判，预判后制作颅骨植入材料，大大降低了手术风险且手术效率进一步提升。

（3）新产品不断问世　Maker Bot 研发了高性价比的成型设备 Maker Bot Replicator，它有更低的售价（1700 美元）和更高的性能。Easy Clad 公司推出了名为 MAGIC LF600 大型快速成型设备，该设备主要用于成型特大体积的零件模型，该设备设计有两个独立的 5 轴控制沉积头，可进行图形压印、修整及梯度功能材料成型等功能。

（4）新标准不断更新　2011 年 7 月，快速成型技术国际委员会 F42 公布了全新的快速成型接口文件格式（Advanced Module Format，AMF），该格式较之 STL 格式新增了材质、梯度功能材料、颜色、曲边三角形等 STL 格式不具备的数据信息。此外，F42 还新规定了关于坐标系统与测试方法的标准术语。

2. 国内发展现状

国内对快速成型技术的研究始于 20 世纪 90 年代，国内一批高校（西安交大，清华大学等）和企业（隆源公司等）率先开展了快速成型技术的相关研究，并在成型设备、上位机控制软件和材料等方面取得了重大进步。经过十几年的发展，21世纪初实现了成型设备产业化，其设备水平接近国际水平，打破了早期成型设备全部依赖进口的现象。

随着政府和地方扶持力度的不断加大，目前国内已经拥有20多个服务中心，设备用户遍及各行各业（航天、军事、医疗、汽车、教学等）。国内在金属零件直接成型技术上处于国际领先水平并在相关领域得到应用，如北京航空航天大学与北京航空制造技术研究所加工出大尺寸的金属零件，在保证零件性能的前提下，显著缩短了研发时间。

近几年来，国内快速成型市场在工业领域不断壮大，但在消费品领域相对薄弱。由于研发投入力度不够，在产业化技术发展和应用方面明显落后于一些欧美国家。在核心器件、成型材料、智能化等方面还落后于国外先进水平。国内部分快速成型装备的核心元器件还主要依赖进口。

目前国内的快速成型技术主要集中在模型制作方面，在加工制作高性能终端零件方面还有巨大的上升空间。在快速成型的基础理论研究方面，国内比国外还不够系统与深入。在工艺方面，国外的工艺控制是在理论研究之上的，而国内则更多依靠经验和不断的试验测试，在快速成型工艺关键技术方面相比欧美国家还有明显的差距。

1.3.2　分层算法研究现状

分层处理环节是快速成型的核心，分层结果直接决定了快速成型的精度和效率。目前，快速成型的主流分层算法主要有等厚度分层、适应性分层以及其他先进的分层算法（如曲面分层、倾斜边界分层等）。其中，最常用的是前两种。先进分层算法的实现是非常复杂和困难的。

1. 等厚度分层

（1）STL 模型等厚度分层　文献提出了基于全局拓扑结构的分层方法，该方法在分层时能根据全局拓扑结构迅速找到与分层平面相交的所有三角面片，并获得有序交点，直接生成闭环轮廓。文献提出了三角面片几何特征法的分层方法，通过对全部三角面片进行高低位置排序，该方法在搜索与分层平面相交的三角面片时，能缩小搜索范围，快速找到相交三角面片。文献提出了三角面片分组法的 STL 模型等厚度分层算法。

（2）CAD 模型等厚度分层　将 CAD 模型表面进行三角化就形成了 STL 模型，经过三角化的 STL 模型在精度上比 CAD 模型有明显的误差。如图 1.6 所示，三角面片在表示曲面时相比于原 CAD 模型表面产生了明显的精度误差，称这个误差为弦高误差。消除这种误差的根本方法就是对 CAD 模型进行直接分层，分层后不

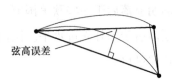

图 1.6　弦高误差示意图

但可以获得较小的数据文件而且截面轮廓精度也得到了提高。但它也存在明显的不足，如不易给模型添加支撑结构、需要强大的 CAD 软件环境为支撑、难以优化零件的成型方向等。

文献利用 C 语言编程，基于 Unigraphics 的实体造型内核 Pa-rasolid，开发了直接对 CAD 模型分层的软件。文献基于 I-DEAS 内核的分层功能，对边界造型法（B-rep）构建的实体模型进行了直接分层，获得了用 NURBS 曲线表示的截面轮廓。文献提出了基于 PowersHAPE 模型的分层算法，该算法通过直线段、圆弧以及 Bezier 曲线来表示截面轮廓。文献基于 AutoCAD 软件开发了对 CAD 模型直接分层的

分层软件。大多数对 CAD 模型的直接分层方法，都借助于某个特定 CAD 软件内核本身强大的自动求截面功能来完成 CAD 模型的直接分层。

（3）点云数据的等厚度分层　文献提出基于最短距离关联点的方法来获取闭环轮廓。当确定了分层高度后，该层闭环轮廓只与该层的上下邻域有关。若距离该层轮廓越近，则点与轮廓重构之间的关系越密切，这些点称为关联点。根据这样的方法就能找出闭环轮廓的所有关联点，就能获得全部的最短距离关联点对。再把全部的轮廓点有序连接和均匀化处理得到闭环轮廓。经过测试该种分层方法的精度与 CAD 模型等厚度分层法相当。

2. 适应性分层

适应性分层在控制成型精度上，比等厚度分层有明显的优势。适应性分层适用于一些成型精度要求较高或者零件的某些部位精度要求较高的情况。目前，适应性分层算法广泛应用于 FDM、SLS 和 SLA 等快速成型工艺中。

（1）基于 STL 模型的适应性分层　文献提出了残余高度的概念并迅速在快速成型领域被认可，并成为决定层厚的一个关键参数。如图 1.7 所示，t 是点 P 所处层的分层厚度，C_{max} 为点 P 处的参与高度，P 点处的法向量为 N（N_x，N_y，N_z），那么 P 点处的分层厚度为

$$t = C_{max}/N_z \tag{1.1}$$

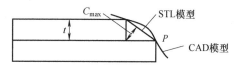

图 1.7　快速成型的残余高度

　　文献提出逐步细分的适应性分层方法，该算法首先以 t_{max} 的厚度在成型方向上分层，再对不满足 $c<C_{max}$ 的指定层进行进一步细分，直至满足条件。该算法在面对表面形状较为复杂的模型时，获得了较高的成型精度，但成型效率大大降低。文献提出零件内外采用不同的分层厚度，在不影响成型精度和零件性能的内部区域使用较大的分层厚度，零件表层区域则采用较小的分层厚度，如图 1.8 所示。

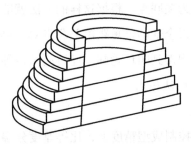

图 1.8　内外不同层厚的分层方法

　　（2）CAD 模型的适应性分层　基于 CAD 模型等厚度分层的诸多优势，文献提出用相邻两层之间的面积偏差来确定适应性的分层厚度，面积偏差被定义为：

$$\sigma = \left| \frac{S_{i+1}-S_i}{S_i} \right| \leqslant \delta \qquad (1.2)$$

式中，S_{i+1} 和 S_i 是分别代表第 $i+1$ 和 i 层的面积，在文献中将阈值 δ 的大小设定为 5%，并获得了较高的成型精度。文献同样用该方法对 AutoCAD 进行了二次开发，并验证了适应性分层的效果。文献提出通过计算模型表面上界面轮廓的曲率来决定适应性分层的厚度，选取截面轮廓上的不同点并计算它们的曲率大小，若曲率值超出给定的阈值，则减小分层厚度。

　　（3）点云数据的适应性分层　文献中首先在成型方向上对点云

数据进行分层，根据每层上的闭环轮廓就可求出点云数据在成型方向
上的曲率，不同曲率的点被分到不同区间。随后，选取一层厚值对点
云数据进行预分层，用 B 样条曲线对截面轮廓进行拟合，并计算每
层上的拟合轮廓到数据点的距离，如果该距离大于给定值，就在该层
和下一层之间引入新的一层并重新进行判定。文献提出了通过形状误
差（分层平面上的投影点到截面轮廓的距离）来计算适应性分层厚
度值的方法。

1.3.3　国内外提出的各种扫描路径规划研究现状

快速成型打印技术是材料的逐层叠加制造的技术，因此它的填充
区域为一个二维区域。所填充的区域是模型的内外轮廓和内部区域。
内部采用材料进行内部填充，然而填充方式的不同对快速成型的效率
和精度都会产生不一样的影响，因此填充区域的填充方式会影响快速
成型的填充效率和模型精度。

在快速成型技术路径填充轨迹的路径规划研究中，应该重点注意
填充效率、模型精度、成型成本、翘曲变形程度和模型的强度等因
素。结合当前国内外现有的路径填充方式，列举几种主流的填充
方法。

1. 来回扫描

传统的扫描线多边形填充仅能进行水平填充线对轮廓的一行一行
地扫描。最基本也是最常用的方法：有 x 向、y 向以及 xy 双向。

针对熔融沉积成型技术的各种工艺，这种算法容易实现完成。同
时，算法的缺点也是不可避免的，比如复杂模型内存在的空腔会使步
进电动机在填充过程中增加频繁启停次数，一般选择性激光烧结设备
是通过光开关的控制来实现材料的烧结，这样扫描镜进行填充工作

时，碰到模型实体内部就应该打开光开关，碰到非填充区域就需要关闭光开关。填充是在相同方向将整层区域填充完，每条扫描线的方向一样，其结果就是在填充线上收缩应力方向相同，使模型容易发生翘曲变形。经过研究，提出了分区域扫描的方法来解决这个问题。

2. 分区域填充扫描

来回扫描容易实现，算法也非常简单，填充过程可靠稳定，其结果就是填充的效果不能满足更好的要求，翘曲变形在模型中经常遇到，在熔融沉积成型过程中，填充喷嘴会频繁开启。因而优化填充路径能够有效减少成型时间。在这种情况下，优化后的分区域填充算法可以减少成型设备的空行程，其作用无疑显得非常必要。

3. Onuh 和 Hon（1999）提出的星形发散扫描及斜向星性发散扫描

这种填充方法是把当前层的轮廓以中心为起点分为两部分，运用平行 x 或 y 轴填充线或 45°斜线先后从中心向外填充这两部分。该种填充方法在一定程度上可以减小翘曲变形，但平行线填充的特有缺陷也无法避免。

4. 分形扫描

分形扫描路径因为能填充整个平面的局部、全局相似性和其分维数为二时的特点，避免平行线填充方法的缺陷，保证填充过程时温度不会剧烈变化，减少了同一方向的内应力，降低了发生翘曲变形的概率。但是这种算法的缺点是速度不快、精度比较低、喷头要不断地改变方向，而且填充过程中也需要经常跨越空腔。

5. 螺旋线路扫描

螺旋线填充方式因为遵循了热传递变化规律，减弱了因为材料冷却产生的应力，来避免来回扫描的不足，但也无法避免跨越空腔的缺点。

6. 偏置扫描

偏置扫描又称为轮廓偏置填充、环形扫描，它是沿着当前层的轮廓边界的方向填充，填充完一个完整的轮廓后，再填充轮廓等距线的轮廓。这种填充方式理论上比上面几种填充方法的效果都要好。这种填充方式由于填充过程中扫描线方向不断改变，材料冷却产生的内应力比较分散，不易产生翘曲变形。该种填充算法在单一方向上填充的长度相对于前面几种方式都要短。因此，在材料收缩率一样的情况下，模型产生的收缩量比较小。这种填充方式的打印机喷头能够一直填充完当前层的所有点，也不用开关频繁开启，进而降低了电动机频繁启停。

在该填充算法下，孤岛和环相交是很难解决的问题。这种情况下填充算法就会复杂，但是一般情况下，模型轮廓的形状是比较复杂的，现实填充中对内外轮廓的偏置后会发生自相交的情况，特别的如果截面轮廓中存在许多内环时，测试内环的次数也就会显著增加，这样就会导致填充时间增加，降低了成型效率。

7. 基于 Voronoi 图的扫描路径

基于 Voronoi 图得到型腔填充路径的算法被应用到型腔成型中填充路径自动生成，这种方法可以完成单连通域的填充区域（不带岛）。可以将截面多连通域问题（带孔、洞的填充区域）转变成单连通域问题来解决。激光扫描效率可以有效地在一定程度上得到提高。

为此针对国内外对快速成型技术的填充路径规划研究现状，能够看到填充路径规划从刚开始单一的来回扫描进步到更优秀的填充方式，重点主要关于两个方面：一是如何提高填充路径算法的效率的问题，二是如何提升模型的精度的问题。所以要结合加工效率和精度这两个重点问题来研发更优秀的填充和优化算法，因此在兼顾两者的问题并着重考虑精度的情况下，研究现有填充路径算法并研究出更好的填充路径规划算法。

1.4　本书主要研究内容

本书研究了熔融沉积成型中 STL 模型的分层处理技术。分析了 STL 的数据结构、熔融沉积成型技术的原理及工艺过程，自主开发了分层处理软件 STLSlicing。实现了 STL 模型的可视化、等厚度分层、适应性分层、分层效率的定量分析和区域填充路径优化。主要研究内容叙述如下：

1. 模型数据读取及可视化

基于 VC++ 6.0 编程工具和 OpenGL 图形库，实现了 STL 文本格式（ASCII）模型的三维可视化。可对模型进行平移、旋转、多视图方向显示及线框显示等可视化操作。

2. 分层厚度范围计算

分析了 PLA（Polylactic Acid，聚乳酸）材料从熔融态至从喷头挤出落在成型平面过程中的截面形状变化，根据 PLA 材料的线热胀系数和成型设备的喷嘴直径，近似推导出不同耗材和喷嘴直径下的分层厚度范围。

3. 遍历范围的动态拓扑等厚度分层算法

针对 STL 模型中三角面片无序排列和分层过程中相邻层之间数据重复率高的特点，提出逐层删除分层平面位置以下的三角面片，实现遍历范围的逐步缩减，从而减少相交三角面片的搜索次数。同时建立储存相交三角面片的对象（自由三角面片表）来存储当前层上的相交三角面片，并建立基于自由三角表的动态拓扑结构，动态拓扑结构充分利用了 STL 模型上相邻层之间信息高重复率的特点，快速生成闭环轮廓。

4. 基于轮廓长度差值和重心偏移距离的适应性分层算法

为了兼顾 FDM 快速成型工艺的精度和效率，提出基于 STL 模型的适应性分层方法。从 FDM 快速成型工艺的特殊性和 STL 文件的数据结构特点出发，提出了不同 FDM 设备的最佳适应性层厚范围的理论计算方法，并针对 STL 格式文件中三角形面之间相互孤立、相邻三角形信息冗余度高和相邻两层之间信息继承性高的特点，采用动态拓扑结构求闭环轮廓的方法，适应性层厚根据相邻两层上的闭环轮廓长度差值比率及重心偏移距离来确定。

5. 填充路径算法的优化分析

对三维模型转换成的 STL 文件格式进行数据分析，得到相关的数据信息。通过 STL 文件格式得到相关数据信息，运用交点跟踪法求得当前层截面轮廓点，从而得到当前层截面轮廓线，对需要被拟合的线段组，使用 NURBS 曲线方法对曲线部分进行拟合，其目的是得到与实际轮廓更接近的轮廓曲线以减少误差。

对几种路径填充算法进行了分析研究，使用区域分割法和凹边形凸分解方法相结合的方式对填充平面进行区域划分，在每个子区域采用轮廓偏置法与 zigzag 填充相结合的复合扫描方式进行填充，有效地提高打印效率。建立步进电动机梯度加速模式运动学模型，在给定的参数下，比较各个填充的加工时间确定最优的填充角度，以及间距、速度、加速度对填充时间的影响。通过以上优化过程，在保证足够的精度条件下可以提高成型效率。最后通过实例验证该优化方法的有效性和正确性，对保证模型精度、提高成型效率有很高的研究意义。

6. 算法分层效率测试分析

对本书提出的等厚度分层和适应性分层算法分别进行了分层效率测试和理论分析。通过实例验证，等厚度分层的效率明显提升，适应性分层在提高成型精度的同时效率也得到保证，分层效果与理论分析结果基本一致。

1.5　本章小结

本章介绍了本书的研究背景和意义、快速成型技术的产生背景以及五种常见的快速成型工艺的原理和工艺过程。分析了快速成型行业的国内外发展现状和流行的分层算法。提出了本文的研究对象及主要研究内容。

第2章
STL 数据模型与
区域填充误差分析

快速成型技术的轮廓提取首先要通过 STL 格式文件得到模型的相关点、线、面的信息，因此想要对模型切片进行填充算法的研究就必须对 STL 文件格式进行一定的处理。目前普遍认为在快速成型打印技术中，STL 文件格式是一种可读性比较好的文件格式。对 STL 格式文件形象的解释就是用很多很多小的三角面片无限逼近立体实体表面的数据模型。虽然 STL 文件格式的适应范围很广，但是这种文件格式依然存在很大的缺陷，需要进行处理才可以被使用。

2.1　OpenGL 概述

三维图形库 OpenGL（Open Graphics Library）是一个性能卓越的图形程序接口，通过 OpenGL 绘制的三维场景有较强的真实感。目前，OpenGL 的绘图效率越来越高，这得益于越来越多的高端专业图形加速卡可与其匹配。OpenGL 的优点是，它可以支持不同的编程语言和硬件平台。OpenGL 由 SGI（Silicon Graphics，硅图）公司设计开发并服务于其图形工作站，它的开发是为了从具体的操作系统和硬件环境中解放用户，使用户可以摆脱那些复杂的指令系统及其结构。鉴于 OpenGL 在三维真实感图形绘制中体现出的卓越性，越来越多的用户使用 OpenGL 绘制三维场景，许多企业在制定标准图形的软件接口时，将 OpenGL 作为首选。目前 OpenGL 已被更多地用于高端图形和交互视景处理，其还能够在多个计算机系统平台下进行开发。在计算机辅助设计（CAD）软件中，OpenGL 除了用于建模还用于模型的三维仿真环节。

OpenGL 作为一个底层图形库，是由数百个响应函数构成，用户可以通过这些函数对图形硬件所支持的各种功能进行响应和控制。OpenGL 自身不支持高端的造型指令，而是利用基本的几何图形元素，如点、线和多边形来完成高端几何模型的造型。OpenGL 可以实现的功能主要包括以下七个方面：

1. 绘制图形

OpenGL 不同于其他造型方法，它通过一些基本图形元素（点、线、多边形）的组合来实现三维图形和场景的构建。即使是许多高级的三维场景，也可以利用最基本的图形元素进行创建。

2. 变换操作

在 CAD 软件中，观察模型时，用户经常会通过不同的角度、距离和方向来观察。实际上，这些都是对模型进行变换操作。常用的变换操作有缩放、旋转、平移和剪切等。OpenGL 提供了许多支持模型变换操作的方法，例如通过几何变换的方法可以使模型在三维场景中缩放、平移和旋转，改变视点的位置可以使用户从不同角度观察模型。

3. 颜色模式

OpenGL 提供了两种定义像素自身颜色的方法：RGBA 法和颜色表法。RGBA 法通过设定 R（红）、G（绿）、B（蓝）三个颜色分量的值来组成各种颜色。颜色表法需要先设定一个颜色表，再根据颜色索引值从颜色表内获取颜色。

4. 光照和材质处理

在图像的真实感显示中，光照和材质处理起着重要的作用。OpenGL 中一个光源由环境光、漫反射光、辐射光和镜面光四种分量组成。模型的材质由照射到模型表面上光的反射率决定。

5. 位图与图像增强

OpenGL 支持基本的位图显示以及与位图相关的操作。除了基本的位图功能，还可以通过反走样、融合、雾化等技术对图像的显示效果进行特殊处理。其中，反走样技术可以处理两幅图像连接处的锯齿部分，对其进行平滑处理。融合可以实现透明或半透明显示。雾化则可以增强场景的真实感。

6. 纹理映射

纹理映射功能可以制作出真实感非常强的三维场景。在制作一个三维模型时，不必在模型的表面处理上花费额外的精力，直接将自然物质的图像映射到模型上，这样就制作出更加真实的三维模型。

7. 交互与动画

用户可以通过 OpenGL 提供的选择（SELECT）和反馈（FEED-BACK）这两种模式，实现更加便捷的交互选择。OpenGL 支持的双缓存技术使相邻帧之间的过渡更平顺，这就增强了图像的动画效果。

2.2 CAD 实体造型方法

20 世纪 70 代末，得益于计算机技术的不断发展，CAD 实体造型技术随之诞生并迅速发展。CAD 实体的造型思路偏向于用特征简单的体素（基本实体）拼合（布尔运算）结构复杂的 CAD 模型，最终输出在图形设备上。目前最常用的是体素拼合造型法（CSG）和边界造型法（B-Rep）。

2.2.1 边界造型与体素拼合造型

CSG 法把复杂的实体构建过程转化成一系列简单的基本实体（体素）的有序布尔运算（∩、∪、—等），如图 2.1 所示。CSG 法非常简明，生成速度较快，无冗余信息，可以构造复杂的零件，易转化为边界造型。由于 CSG 法构造简单，致使其无法存储诸如顶点、边界等信息，另外受限制于体素的种类，表示形体的覆盖域较窄，而且 CSG 法也难以实现对 CAD 实体的局部快速操作（如圆角、倒角等）。

B-Rep 法用一系列存在拓扑关系的边界表面来定义几何形体。B-Rep 法构造的几何形体具有完整且显式的交线、边界线和表面等描述，支持所有类型的曲面，并支持直接数控加工和有限元分析。但其生成形体过程较为复杂且不直观，不支持用户直接操作。图 2.2 所示

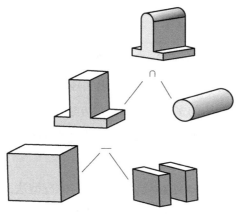

图 2.1　体素拼合造型

为 B-Rep 造型中各对象之间的拓扑关系。

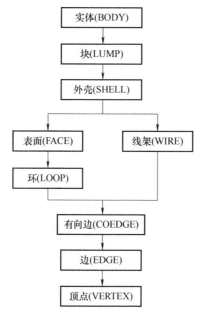

图 2.2　B-Rep 造型中的拓扑关系

2.2.2　多边形网格造型

多边形网格（Polygon Mesh）造型是用一系列离散的多边形面片（三角形、平行四边形等）近似地逼近实体模型的表面。在计算机图形学方面，几何实体的多边形网格表示方法已经成为表示许多实体模型的标准方法。在三维场景的表示上，多边形网格造型法也是最重要且最普遍的方法。

与 CSG 法和 B-Rep 法相比，多边形网格造型法的基本元素的几何性质简单、易表达且易于编程实现，目前已经产生多种三维文件格式，如 STL、VRML（Virtual Reality Modeling Language，虚拟现实建模语言）和 3DS（3D Studio，三维建模）等。多边形网格模型上的元素之间要遵循相应的规则，这些规则包括：共点规则、法线规则和顶点排列规则。

1. 共点规则

多边形网格实体由一系列的多边形面片组成，相邻两个多边形面片必须共用两个顶点，即相邻两面片存在一条公共边。如图 2.3 所示，图 2.3a 是正确的表示方法，图 2.3b 的表示则是错误的。

a)　　　　　　　　　　　　　b)

图 2.3　多边形造型的共点规则

2. 法线规则

每个多边形面片都具有一个指向外部的朝向信息，即法向。多边形面片的法向非常重要，它决定了面片两侧哪一侧是实心区域，哪一侧是外部区域。如图 2.4 所示，图 2.4a 中法向指向球体外侧，表示该球为实心球，图 2.4b 的法向指向球的球心，表示该球是空心的。

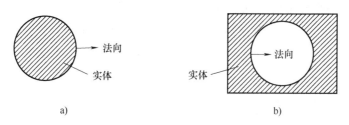

图 2.4　多变形造型的法线规则

多边形网格模型中，多边形面片的法向量不仅决定了实体空间的方位，同样，在三维场景布置环节中，法向量的朝向还决定了法向量所在面片的明暗程度。一个面片的法向量和光源夹角的余弦值与该面片的明暗程度成正比，夹角越小则余弦值越大，面片越明亮。

3. 顶点排列规则

单个多边形面片是由多个顶点围成的，在多边形网格实体造型中，多边形的顶点排列有严格的规定。一般，多边形的顶点与其法向量间要遵守"右手定则"，即法向量的朝向指向右手大拇指方向，四指环绕的方向就是定点的排列顺序。

2.2.3　STL 格式造型

STL（Stereo Lithographic）格式文件又称立体光造型文件，最初是美国 3D Systems 公司于 1988 年为三维原型制造技术制定的接口协议。如今 STL 格式文件已经成为快速成型系统与 CAD 系统之间数据交换应用最广泛的文件格式。

图 2.5 所示为 STL 格式文件的特性。STL 文件通过一系列无序的空间三角形来近似逼近 CAD 原型的表面，其中相邻三角形之间遵循"共点规则"，即相邻两个三角形共用一条边。每个三角形内包含指向三维模型外部的法向量和三个基于"右手定则"的顶点坐标。几乎所有的 CAD 软件都可以导出 STL 格式文件，STL 格式包括文本格式（ASCII）和二进制格式（BINARY）两种。

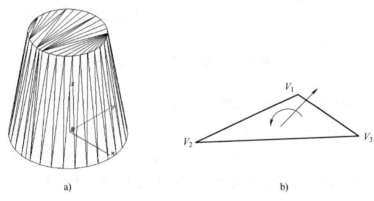

a)   b)

图 2.5　STL 文件特性

图 2.6 所示为文本格式 STL 模型的数据信息结构，文本格式的 STL 文件由七种类型的关键字信息来储存模型数据。其中包括开头关键字 solid、结束关键字 endsolid 以及组成三角面片单元的五类关键字：facet normal 表示三角面片的法向量，outerloop 表示接下来的三行数据会是一个三角形面片的三个顶点坐标，vertex 表示顶点坐标的值，endloop 表示一个三角形面片的三个顶点坐标定义结束，endfacet 表示本三角面片信息定义结束。其中三个 vertex 值的排列顺序按向量 facet normal 所指方向逆时针排列。

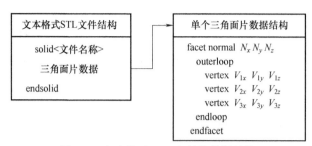

图 2.6　文本格式 STL 文件的数据结构

表 2.1 是二进制 STL 文件的数据结构。二进制格式的 STL 文件由特定的字节数来储存模型的数据信息。在起始处用 80 个字节储存文件名，第二行用 4 个字节表示模型上所包含的三角面片的数目。从第三行开始为三角面片的数据信息，每个三角面片中用 3 个四字节浮点数据表示法向量，每个顶点坐标同样用 3 个四字节的浮点数表示，最后用无符号 16 位整形数据表示三角面片的属性信息。

表 2.1　二进制 STL 文件数据结构

		偏 移 地 址	长度/字节	类　　型	描　　述
第一个三角面片	头文件	0	80	字符型	文件名信息
		80	4	无符号长整型	三角面片数目
	法矢量	84	4	浮点型	外法矢 x 分量
		88	4	浮点型	外法矢 y 分量
		92	4	浮点型	外法矢 z 分量
	第一点坐标	96	4	浮点型	x 分量
		100	4	浮点型	y 分量
		104	4	浮点型	z 分量
	第二点坐标	108	4	浮点型	x 分量
		112	4	浮点型	y 分量
		116	4	浮点型	z 分量
	第三点坐标	120	4	浮点型	x 分量
		124	4	浮点型	y 分量
		128	4	浮点型	z 分量
		132	2	无符号整型	属性字
…	…	…	…	…	….

分析两种格式的 STL 文件可知，文本格式的 STL 文件可读性强，适合数据的处理工作。而二进制格式的 STL 文件所占存储空间较小，相同的 CAD 原型二进制格式文件所占空间仅是文本格式文件的 1/5。

2.2.4　读取以及处理 STL 文件

三角形面片之间可能存在很多冗余数据，在软件绘制中，三维模型的真实感是由光照显现出来的，使得模型在屏幕上显得立体化。模型表面在空间里的方向是由法向量决定的，即明确了光源照射了模型表面的方向。因为 STL 文件中，光是沿着每个三角形表面的法向量作为照射方向，这也使光照在该三角形上的方向都是相同的，然而相邻三角形的法向量就不是相同的，其结果就会使相邻三角形相交线处的光照效果会有变化。在模型表达时就容易发生模型表面粗糙度值比较大的情况，所以在 STL 文件读入数据时应该提前对读取的数据进行处理。解决方法为：先建立小三角形的数据结构，再对 STL 文件中的数据进行读取。

STL 文件中的每一个小三角形面片的顶点都遵循"右手定则"，所以仅需读取在 x 轴、y 轴、z 轴上小三角面片三个点的坐标即可，这样小三角形面片法向量的获取方法是"右手定则"，得到小三角形面片三个点在 x 轴、y 轴和 z 轴上的坐标，此种方法的优点是减少了多余的数据。

通过得到的三个顶点的顺序从而可以求得法向量，即

$$n_x = (V_{1y} - V_{3y})(V_{2z} - V_{3z}) - (V_{1z} - V_{3z})(V_{2y} - V_{3y})$$
$$n_y = (V_{1z} - V_{3z})(V_{2x} - V_{3x}) - (V_{2z} - V_{3z})(V_{1x} - V_{3x})$$
$$n_z = (V_{1x} - V_{3x})(V_{2y} - V_{3y}) - (V_{2x} - V_{3x})(V_{1y} - V_{3y})$$

$$C = \left[(V_{2y}-V_{1y})(V_{3z}-V_{1z}) + (V_{2z}-V_{1z})(V_{3x}-V_{1z}) + (V_{2x}-V_{1x})(V_{3y}-V_{1y}) \right] -$$

$$\left[(V_{3y}-V_{1y})(V_{2y}-V_{1z}) + (V_{3z}-V_{1z})(V_{2x}-V_{1x}) + (V_{3x}-V_{1x})(V_{2y}-V_{1y}) \right]$$

如果 $C>0$，三角面片的外部法向量为 (n_x, n_y, n_z)，否则，三角面片的外部法向量为 $(-\boldsymbol{n}_x, -\boldsymbol{n}_y, -\boldsymbol{n}_z)$。

错误轮廓信息的修正算法：把截面轮廓数据信息储存在循环链表中，若当前层截面有二个及二个以上的轮廓，那么每一个轮廓环都储存在链表中。

链表的头节点为：

```
Struct Head{
    Float LayHeight;        //该层轮廓的高度
    Bool InOrOut;           //内外环标志,外环为 0
    Bool HaveBug;           //错误标志,轮廓有错为 1
    DataPoint * Pointer;    //指针
}
```

数据节点为：

```
struct DataPoint{
    float Xdata,Ydata;      //数据点的 x,y 坐标
    bool HaveGap;           //断点标志
    DataPoint * Pointer;    //指针
}
```

轮廓不封闭修正算法具体操作为：

1）调入轮廓信息的链表，检查头节点的错误标志，如果该表链没有错，调入新的链表，如果链表有错，进入（2）。

2）搜寻链表中每一个节点的断点标志，找出所有的断开点，并且修正各段轮廓线的方向。

　　增材制造系统主要包含硬件系统和软件系统两个部分。软件系统由模型数据处理软件和控制软件两部分组成。通常情况下，得到 3D 打印 STL 格式模型有两种方式：第一种方式是在三维建模软件中把三维模型另存为 STL 格式的文件，另一种方式是使用 3D 扫描仪器将实体拟合成点云数据录入计算机内，然后在特定的软件下得到相应的 STL 格式文件。

　　数据处理软件的作用就是对 STL 分层切片、截面轮廓内部路径填充以及生成 G 代码文件，STL 文件处理过程如图 2.7 所示。

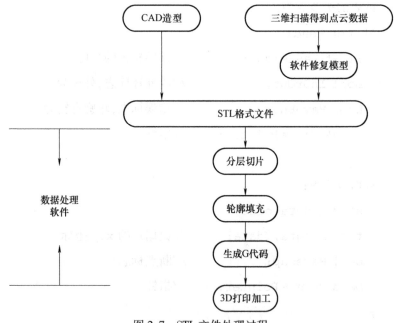

图 2.7　STL 文件处理过程

2.3　OpenGL 的图形绘制库

　　图形绘制库 glContext. dll 以面向对象的方式封装了 OpenGL 中与

绘图功能相关的类，这样就可以利用 MFC 的运行机制对图形绘制库中的相关功能进行调用，从而将 Windows 窗口和 OpenGL 关联在一起。图形绘制库实现了 OpenGL 环境初始化、模型显示操作和模型材质定义等功能。glContext. dll 包含了如下三个类：

1）GCamera：照相机类，该类封装了 OpenGL 中最基本的取景操作的功能，例如景物的缩放、移动等操作。

2）COpenGLDC：绘图类，该类实现了 OpenGL 绘图类的基本机制，通过管理一个渲染场景来实现 OpenGL 与绘图窗口的关联，并通过该类完成 OpenGL 在应用程序窗口中图形绘制前后的一些主要环节的设置。

3）CGLView：视图基类，它通过封装上述两个类中利用率高的部分代码，实现了 CGLView 派生视图类中对 OpenGL 相关绘图功能的直接调用。

2.3.1 模型显示操作

在 CAD 软件中，可视化操作是用户最常用的功能之一，例如在不同视图下观察三维几何模型、模型大小的缩放和移动。在图形绘制库中，照相机类 GCamera 封装了 OpenGL 可视化操作的相关功能。

1. 典型视图定义

CAD 软件中，定义从不同角度观察模型是最常用的操作之一。为了更直观地了解一个模型，用户希望从不同的位置和角度对模型进行查看。应用程序中，经常定义几个典型的观察角度对模型进行查看，也就是机械制图中常用的视图（主视图、俯视图、左视图、轴侧图等）。

变换视图显示实质上是改变视点位置和视线方向，GCamera 类的成员函数 gluLookAt( ) 定义了视点的位置和视线方向。gluLookAt( ) 中有三个成员变量，分别为 m_eye，m_ref 和 m_vecUp。其中 m_eye 代表视点位置、m_ref 代表参照点（视线正前方某处）和 m_vecUp 代表视线的上方向。定义一个典型观察视图，只需要给上述三个变量设定具体数值即可。

在典型视图定义的过程中，常把三维模型的中心选作参照点 m_ref。在变换视图时，始终保持参照点的位置不变，再由视线方向和参照点两者共同计算出新的视点位置。新视点位置确定后，OpenGL 会调用 GCamera 类的成员函数 update_upVec( ) 来计算新的视线上方向的值。

2. 模型缩放

查看模型时，需要从整体和局部都对模型进行掌控，这就需要对模型进行放大和缩小操作。如 AutoCAD 中的 Zoom In、Zoom Out 等功能，都是变换图像显示大小的命令。实际上，对模型显示大小的处理是对视野的大小进行改变。在模型显示窗口中，如果把当前视野的大小（视景体的宽和高）放大一倍，我们所观察到的模型尺寸就会缩小一半。反之，当视野缩小一半，窗口中的模型尺寸就会扩大一倍。CAD 软件中，一般都通过正交投影的方法预先定义一个长方形的视野（视景体），通过改变视景体的宽和高以实现模型的缩放。

在类 GCamera 中，函数 GCamera∷zoom( ) 通过对视景体的高（m_height）和宽（m_width）进行等比例缩放，实现了模型显示尺寸的缩放。下面是函数 GCamera∷zoom( ) 内的代码定义：

```
void GCamera::zoom(double scale)
{
    ASSERT(scale>0.0);    //缩放值大于 0
```

```
    m_width * = scale;          //缩放视景体宽
    m_height * = scale;         //缩放视景体高
}
```

上述代码中，参数 scale 是缩放比例，其值大于 0。当缩放比例
scale 在 0 和 1 之间时，视景体的高和宽被等比例缩小，此时模型的
显示尺寸被放大。反之，当缩放比例 scale 大于 1 时，视景体的高和
宽被等比例放大，模型显示尺寸被缩小。程序运行时，当函数 GCam-
era：zoom( ) 被调用后，程序接着调用函数 Invalidate( ) 对窗口绘图
区进行重绘。重绘时，先调用函数 GCamera：：projection( )，来改变
视景体的尺寸大小，进而改变模型在窗口中的显示尺寸。

3. 模型平移

使用 CAD 软件时，用户会借助软件提供的图像平移功能来观察
当前窗口绘图区以外的图形。实际上，图像移动的本质是视点的
移动。

如图 2.8 所示，观察者位于视点 eye 的位置，X 轴、Y 轴分别对
应屏幕上图形显示窗口的坐标轴，视线垂直于两坐标轴组成的平面。
图像平移过程中，视线方向始终与窗口垂直，视点 eye 的位置与坐标
平面内的参照点 ref 同时移动。

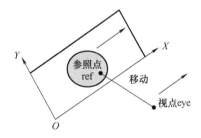

图 2.8   模型平移

类 GCamera 中，函数 GCamera：move_view( ) 实现了图像的平移，函数的形参 dpx、dpy 分别指沿窗口的 X 轴和 Y 轴方向移动的百分比。例如，dpx 取值为 -0.1 时，则表示沿屏幕的 X 轴向左移动视景宽度的 10%。dpy 取值为 0.1 时，则表示沿屏幕的 Y 轴向上平移视景宽度的 10%。

2.3.2 模型渲染与光照处理

OpenGL 中，要想获得真实感较强的三维图形，光照是必不可少的要素。实际上，一旦缺少了光照的参与，三维图形就无法呈现立体效果，它的显示效果几乎与二维显示无区别。

生活中，当有光照射到物体的表面时，就会发生光的反射、透射和吸收。物体自身的材质属性决定了这三者的产生程度。其中，我们之所以能看到物体是因为经过物体反射和透射后的光进入到了我们的眼睛里。OpenGL 中通过模拟自然界中的光照规律，对光源和物体的材质进行了定义。

1. 定义光源

在视景体中，我们能够观察到物体分为本身发光和不发光两种。发光物体自身发出辐射光，如灯泡。不发光的物体由环境光、镜面光和漫反射光三种光共同照亮。OpenGL 分别计算这四种光的值，然后相加在一起成为颜色缓存区中每个像素的颜色值。

OpenGL 中，定义光源的函数为 glLightfv( )，该函数有三个参数：

1）light：定义一个光源，序号分别从 GL_LIGHT0 到 GL_LIGHT7，光源个数的上限是 8 个。

2）pname：要定义的光源参数。如环境光分量、光源位置等。

3）pnames：要定义的光源参数的具体数值。

下面是光源定义的相关代码：

```
void COpenGLDC::GLSetupRC()
{
    GLfloat lightAmbient[ ] = {0.75f,0.75f,0.75f,
1.0f};                        //环境光颜色参数
    GLfloat lightDiffuse[]={1.0f,1.0f,1.0f,1.0f};
                              //漫反射光颜色参数
    ......
    glLightfv(GL_LIGHT0,GL_AMBIENT,lightAmbient);
                              //0 号光源的环境光
    glLightfv(GL_LIGHT0,GL_DIFFUSE,lightDiffuse);
                              //0 号光源的漫反射光
    glEnable(GL_LIGHT0);      //打开 0 号光源
}
```

2. 模型材质

OpenGL 中，物体表面对光的反射特性称之为材质。这个反射特指物体表面对环境光、漫反射光和镜面光的反射率。材质影响材料的颜色、反光度和透明度等。例如，在阳光（光为白色）下，我们看到一个不发光的红色物体，这是因为白色光中只有红色分量被物体表面反射了，其他颜色分量被吸收。在 OpenGL 中，通过设置材料对光的红、绿、蓝三个颜色分量值的反射率来定义物体的材质。由于物体对漫反射光和环境光的反射方式基本上是一致的，所以物体对漫反射光和环境光的反射率也就相差甚微。物体表面主体部分颜色是由漫反射光和环境光的反射率决定的，而物体对镜面光的反射率决定了物体表面的高亮色。当定义物体的光照和材质时，往往需要具体分析所需要的材质特性，将这些特性进行组合就可以达到目标效果。

OpenGL 中，函数 glMaterialfv（ ）定义了模型的材质，该函数有三个参数：

1）face：面属性常量，该常量用于指定物体的面，取值必须是 GL_FRONT、GL_BACK 和 GL_FRONT_AND_BACK 三者中的一个。这三个参数分别指多边形的前面、后面和两面。在实体模型显示时，由于只需要表示模型的外表面，后面的面不可见，因此只需定义外表面（前面）的材质属性。

2）pname：材质属性常量，该常量用于定义物体的材质参数。由它制定 OpenGL 当前设置的某个具体属性。

3）param：被设置材质属性的具体数值。

定义当前物体的材质可以通过函数 SetMaterrialColor（ ）来实现。在应用程序 STLSlicing 中，将物体的材质定义为对漫反射光和环境光的反射，而不考虑镜面光反射。因为在大多数 CAD 软件中，几何模型的显示场景通常被定义为比较柔和的光源，物体的显示亮度一般都比较均匀。所以，这里不考虑由镜面光的反射属性决定的高亮色。

```
void COpenGLDC::SetMaterialColor(COLORREF clr)
{
    m_clrMaterial=clr;      //成员变量保存材料的颜色
    BYTE r,g,b;
    r=GetRValue(clr);
    g=GetGValue(clr);
    b=GetBValue(clr);
    //rgb 值定义为当前材料颜色
    GLfloat mat_amb_diff[ ]={(GLfloat)r/255,(GL-
```

```
float)g/255,(GLfloat)b/255,1.0};
        glMaterialfv(GL_FRONT,GL_AMBIENT_AND_DIFFUSE,
mat_amb_diff);
    }
```

2.4 STL 几何对象的 OpenGL 显示

实现 STL 几何模型的管理和操作是分层软件系统中最重要的工作。而一个几何模型又是由多种几何对象（如点、线、面、实体和部件等）构成这些几何对象相互之间又存在诸如层次关系和拓扑关系等各种关系。例如，一个几何模型可能由单个或者多个部件组成，每个部件又由单个或多个实体组成，不同的几何对象之间构成了一种结构关系。在解决 STL 模型的 OpenGL 显示时，借助面向对象的编程技术，设计和开发相应的几何对象类来实现对几何对象的管理和操作，从而实现对整个几何模型的管理。这些类组成了分层软件系统的几何内核。

几何内核库 GeomKernel. dll 中，包含了描述 STL 模型中所有的几何对象的类，这些类就构成了一个面向对象的几何模型结构框架。在这个框架基础上，可以根据应用程序功能的实际需求，进行更高层次的开发，添加更多专门的几何对象类。本课题中，为了满足需求，GeomKernel. dll 中设计的几何对象类如图 2.9 所示。

1）CEntity：几何对象基本类，该类定义几何对象的共有属性，例如颜色、ID 号、包围和尺寸等。

2）CTriChip：三角面片对象类，该类定义一个三角面片的数据，如顶点坐标、法向量坐标等。

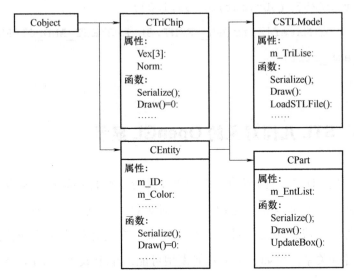

图2.9 几何内核库中的类结构

3) CSTLModel：几何模型类，该类定义由一组三角面片组成的单一三维实体。

4) CPart：高级几何模型类，该类定义应用程序中所有的三维实体，它是由全部的 CSTLModel 对象组成的三维实体。

图2.9 所示为几何内核库 GeomKernel. dll 中的几何类层次关系图。几何内核库中，所包含的描述 STL 模型几何对象的四个类之间有着清晰的层次结构。这也进一步说明了在软件结构设计中，对应用问题的抽象化和层次化分析是软件设计的前提。确定几何模型中各对象之间的层次关系后，就可以通过面向对象的相关方法对软件的几何内核进行设计，如类的继承、封装、多态和串行化等方法。

应用程序实例 STLSlicing 中，高级几何模型类 CPart 的对象 m_

Part 表示的是整个 STL 模型。因此，STL 模型的 OpenGL 显示，实际上就是在 OpenGL 环境中实现对象 m_Part 的显示。m_Part 对象的 OpenGL 显示是通过几何内核库中建立的类层次关系来实现，如图 2.10 所示是 m_Part 对象的显示步骤。

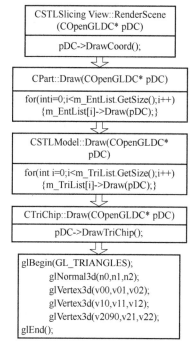

图 2.10　STL 模型的 OpenGL 显示流程

1）在 MFC 应用程序的视类 CSTLSlicingView 中，调用 m_Part 对象的成员函数 Draw（）并将 COpenGLDCC 的指针 pDC 作为参数传给该函数。其中 m_Part 是在 CSTLSlicingDoc 类中定义的对象，访问该对象之前要获得 MFC 文档类对象的指针 pDoc。

2）执行几何内核模块中 CPart 类的成员函数 Draw（），调用指针数组 m_EntList 中每个成员的 Draw( )，由于 m_EntList 为 CTypedPtrArray<CObArray，CEntity * >类型的指针数组，所以对该数组成员的 Draw( ) 函数的调用实际指向了类 CEntity 的 Draw( ) 函数。

3）在类 CEntity 中，Draw( ) 是虚函数，根据多态性的定义，实际上是调用了该类的派生类 CSTLModel 类中的 Draw( ) 函数。在 CSTLModel 中，调用指针数组 m_TriList 中每个成员的 Draw( ) 函数，而指针数组 m_TriList 是 CTypedPtrArray<CObArray，CTriChip * >类型的指针数组，因此 CTriChip 类中的 Draw( ) 函数被调用。

4）CTriChip 类中的 Draw( ) 函数调用了 COpenGLDC 类中的 DrawTriChip( ) 函数来绘制一个带有法向量的三角面片。

5）执行 COpenGLDC：：DrawTriChip( ) 函数完成一个带法向量的三角面片的绘制。

图 2.11 所示为一个由基座、法兰盘、传动轴、带轮和键组成的 STL（ASCII）格式的装配体，通过本章所叙述的方法实现了该装配体模型的可视化。

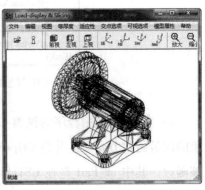

a)　　　　　　　　　　　　　　b)

图 2.11　传动装置的可视化

2.5 熔融沉积成型精度影响因素分析

熔融沉积成型是最常见的增材制造形式,其填充算法特征也最具典型代表性。熔融沉积成型工艺过程中,每一个步骤都可能产生误差,误差的产生会对成型件的精度和其他性能产生影响,因此通过了解产生误差的原因来改善工艺过程或者采用其他的技术方法来降低误差带来的影响。

如图 2.12 所示,在快速成型技术工业级使用中,成型精度是一个需要考虑的因素,也是当前研究中的一个重要问题。熔融沉积成型过程中产生的误差是在每一个环节,这些误差会对模型的精度、翘曲变形以及力学性能都能产生重要的影响。为此根据熔融沉积成型工艺成型过程中的误差来源,针对精度和力学性能分析,可分为原理性误差、工艺性误差和后处理误差三种。其中原理性误差是成型理论中无法避免产生的误差,或者是快速成型系统工作过程中所导致的误差。工艺性误差是成型填充过程中产生的,可以通过改善熔融沉积成型工艺规划来降低误差对成型精度和力学性能的影响。后处理误差是在对模型去除支撑材料、修补、抛光以及表面处理过程产生的。

2.5.1 熔融沉积成型原理性误差分析

1. 成型系统引起的误差

熔融沉积成型系统是一个典型的机械电子系统,包含扫描系统、熔融挤压系统和温度控制系统,三种系统分解图如图 2.13 所示。

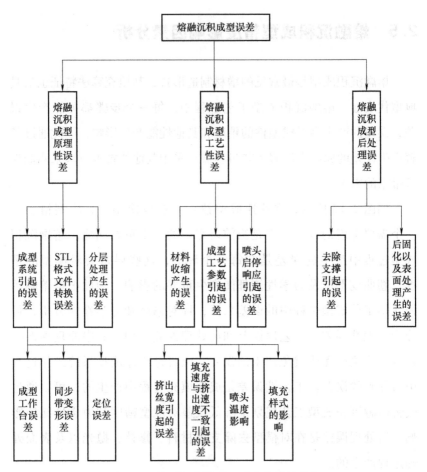

图 2.12　熔融沉积成型工艺中的误差分类

（1）扫描系统　　在熔融沉积成型系统中，当前层填充路径包含
三部分：轮廓、网格和支撑。数据处理系统通过对读取的 STL 文件
进行数据检验、修正、添加支撑的处理，然后进行分层处理得到相关
文件。熔融沉积成型系统的扫描机构是实现填充与材料运送的重要单
元，在控制下实现所要求的指令。

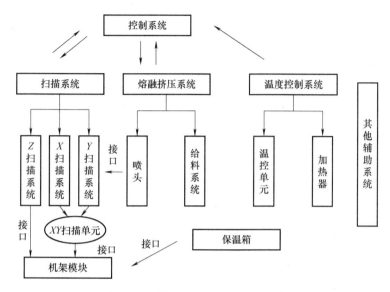

图 2.13 熔融沉积成型系统分解图

（2）熔融挤压系统　读取成型模型的相关信息，依据操作员设置的工艺参数得到控制指令，通过指令使系统中成型机的喷头依据相关运动机构来执行相应的运动。

（3）温度控制系统　为了保证成型过程中，填充平台的温度在一个稳定的范围内，保证成型过程不会因为温度的改变而对模型产生翘曲变形的影响。

依据上面分析，引起熔融沉积成型系统误差的原因有：

（1）工作台误差　工作台误差有二种误差：oz 方向运动误差和 xoy 平面误差。oz 方向上的模型形状误差和位置误差是由 oz 方向的运动误差导致的，使得分层厚度的精度不准确，整个模型表面变得非常粗糙，所以 oz 轴与工作台的直线度要确保准确无误。工作台不水平的问题是产生 xoy 平面误差的主要原因，也导致了成型模型的填充轮廓与真实轮廓有很大的差别。如果模型尺寸很小，因为喷头压力的影响就可能使模型无法生成。因此在成型的前的准备环节要保证工作台的 xoy 平面与 oz 轴的垂直度。

（2）同步带变形误差　填充当前层时，使用的是 xoy 扫描系统，也就是 ox 轴和 oy 轴的平面运动，喷头在 xoy 平面内的运动是由步进电动机带动齿形带产生运动的。在成型过程中，同步带产生变形影响填充过程中的定位精度。

（3）定位误差　熔融沉积成型打印机在 ox、oy、oz 三个方向上均会存在重复定位的情况，进而产生定位误差。这是因为现在制造技术有限，也是所有熔融沉积成型设备几乎都存在的情况，通常无法避免。因此为了降低这种误差的产生，应有计划地对熔融沉积成型设备采取保养和维护工作。

2. 生成 STL 文件过程中产生的误差

因为 STL 文件模型是由有限个小三角面片来近似代替 CAD 模型的表面，这就导致 STL 文件对模型特征的表达上也存在不可避免的误差。当模型有多个曲面特征时，在曲面与曲面交会处容易产生重叠、空洞、畸变等缺陷。

分层产生的误差如图 2.14 所示，将 CAD 模型转换成 STL 文件后还需要对其进行分层，即用与 xoy 平面相平行的平面与模型相切，从而得到轮廓信息。分层后，层与层之间都会有一定的厚度，但是原有 CAD 模型表面轮廓完整性的信息就会被改变，这样就产生了台阶误差和 oz 方向的尺寸误差。

（1）oz 方向上的尺寸误差　模型分层厚度和成型方向共同决定了 oz 方向上的尺寸误差，假设分层厚度为 t，在 oz 方向上的长度为 h，那么 oz 方向上的尺寸误差为 Δz：

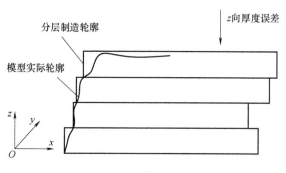

图 2.14　台阶误差

$$\Delta z = \begin{cases} h - t \times \mathrm{int}\left(\dfrac{h}{t}\right) & h \text{ 是 } t \text{ 的整数倍时} \\[3mm] h - t \times \left[\mathrm{int}\left(\dfrac{h}{t}\right) + 1\right] & h \text{ 不是 } t \text{ 的整数倍时} \end{cases} \quad (2.1)$$

通过上面的公式可知道，从 oz 方向上的尺寸误差看，分层精度与厚度的大小没有很大联系，模型在 oz 方向上分层厚度尺寸的重点是整数倍。

（2）台阶误差　台阶效应无可避免，这是因为熔融沉积成型（FDM）打印喷头挤出材料具有一定厚度，这些丝一层一层粘结堆积而形成所需要的模型，得到的模型表面其实类似于实际模型表面的一个台阶。

台阶误差在以几何数学的体积表示方式如下：

$$\Delta = \frac{(V_{\mathrm{M}} \cup V_{\mathrm{D}}) - (V_{\mathrm{M}} \cap V_{\mathrm{D}})}{S_{\mathrm{D}}} \quad (2.2)$$

其中，Δ 为成型模型表面的平均台阶误差；V_{M} 为成型模型的体积；V_{D} 为设计模型的体积；S_{D} 为设计模型的表面积。

式 2.2 是以求体积的方式把模型的台阶误差计算出来的，是模型的负向台阶误差、正向台阶误差代数和的平均。

原理性误差是快速成型工艺中分层过程引起的，这种误差产生是不可回避的。减少分层厚度、自适应性分层方法、CAD 直接分层和曲面分层等方法可以有效减少台阶误差。

2.5.2　熔融沉积成型工艺性误差分析

1. 材料收缩导致的误差

模型成型时由于材料是在高温喷出，在成型台上冷缩而产生收缩的现象，在材料收缩过程中也伴随着内应力的产生，这种应力容易使模型的尺寸发生变化，使模型外轮廓收缩向内偏移，内轮廓向外偏移，这种变化就会产生尺寸误差，或者会发生翘曲变形，如图 2.15 所示。因此在填充成型的过程中设置一个收缩补偿因子可以有效地向实体区域外部偏置。理论上，补偿因子完全满足对材料收缩引起误差进行正确补偿，但是实际中要准确控制偏置尺寸是非常困难的工作。这是因为模型的形状、尺寸、成型过程的工艺参数设置和每一个成型时间的不同都会对模型尺寸的实际收缩率产生独自或彼此制约。

针对材料收缩引起的误差，可采用一些补偿措施来减少误差：材料选择上可以选择收缩率小的材料，或者对材料进行改性处理。或者可以在填充方向上增加补偿量来补偿收缩误差。

2. 喷头导致的误差

轮廓线的宽度理论上是零，但是成型过程中，喷嘴喷出存在固定宽度的熔融态的丝，在喷嘴头填充理论轮廓线沿层片文件运动过程中，实际模型尺寸将超过挤压线横截面宽度的一半。虽然在理论上，可以通过在工艺过程中系统软件控制实际加工轮廓的填充，来减少这种轮廓线误差。实际补偿值一般被设定为确定值，在这个过程中挤出

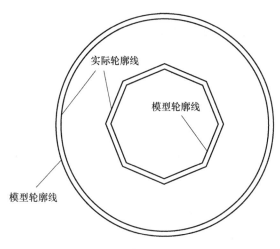

实际轮廓线

模型轮廓线

模型轮廓线

图 2.15　材料收缩误差

丝宽度会因为挤出速度和填充速度等参数的改变而改变，因此打印机
喷嘴引起的尺寸误差是不可避免的。

2.5.3　FDM 主要工作参数分析

1. 层高参数与喷头内径

处理 STL 模型文件切片数据时，把相邻层的间距定义为层高数
值，也就是指熔融沉积打印机填充完每一层的厚度。越小的层高值，
阶梯现象越不明显，但是完成模型花费的时间越长，好处是可以使模
型表面精度较高。花费时间越短，阶梯现象越显著，表面精度也会越
低，模型表面也就越粗糙。喷头内径的大小是决定层高的主要参数，
因为喷头内径大小决定了丝的直径大小。熔融沉积工艺过程中，确保
相邻层之间能具有足够的挤压力，进而使相邻层能牢固黏合在一起，
这就需要设置工艺参数时保证层高参数小于喷头内径值。比如喷嘴内
径 0.4mm，那么层高值小于 0.4mm。

2. 挤出速度和打印速度

挤出速度表示打印机喷头输出的材料的速度，这是通过步进电动机控制挤出轮来实现挤出的。打印速度是按照已得到的轮廓曲线对模型实体内部填充整个层面时，打印喷头在运动机构带动下的速度。在填充稳定的条件下，打印速度越快则完成模型所需要的时间就越小，成型效率就越高。如果挤出细丝的过程中，丝不均匀、产生断裂、堆积的情况，对模型的成型精度产生影响，所以就需要调整挤出机的速度和打印速度，确保细丝挤出的体积（也称流量）与模型规定的体积相等。相反挤出速度与打印速度协调不一致就会使出丝流量不能满足成型所需材料体积，会发生断丝或有的地方无法被填充，更严重就会导致无法完成模型。相反，另一种挤出速度和打印速度不协调的情况后，即出丝过多，导致成型所需材料体积不需要出丝流量那么多丝，那么在成型过程中，打印喷头上就会聚积挤出的多余材料，同时导致喷头温度过高，这些多余的材料会严重影响上一层的成型精度，导致成型表面不平整，更严重地会在边缘位置发生黏结断裂。

3. 喷头和热床的温度

在熔融沉积工艺中，喷头的温度对模型成型效果的影响是一个不能忽略的因素，喷头温度要确保在合适且稳定的温度范围，保证喷头出的丝线是一种流体塑性状态，这也就保证合理范围内的丝线的黏性系数。过高的喷头温度，会使挤出丝线的黏性系数变低，会产生"漏丝"，同时材料内部分子极易产生破裂，影响成型模型的表面粗糙度、精度，也会降低模型整体强度。较低的喷头温度就会使挤出材料表现出固态特征，大的黏性系数不易挤出材料，且在喷头处产生很大的挤出阻力，不改变挤出速度，挤出材料就会变少，过大的挤出力会对喷头寿命产生严重的影响。

在熔融沉积成型工艺中，热床温度会对成型模型的热应力大小以及固定底层产生影响作用。由于温度太低，材料冷却速度太快就会产生较大热应力，模型靠近热床的位置可能发生翘曲变形，模型和热床不能很好地黏结从而导致模型与热床脱离，同时在模型内部相邻层的黏结强度也达不到要求。模型在温度太高的成型过程中会有不高的热应力，但是模型不能凝固也没有一个较好的硬度，那么下一层填充过程中，喷头挤压的作用就容易发生更严重的塌陷。为了模型能够满足成型精度和质量的要求，须使热床的温度略高于材料从玻璃化转变温度且远离材料熔点温度的一个恰当的范围内。

2.6 本章小结

本章详细介绍了三维图形硬件的软件接口 OpenGL 在三维真实感图形绘制中的卓越性能，分析了几种不同的 CAD 实体造型的方法。主要阐述了 STL 模型的 OpenGL 显示，利用 VC++ 6.0 开发工具与 OpenGL 图形接口实现了 STL 模型在快速成型系统中的可视化及相关可视化操作，并在 UG、Creo 和 SOLIDWORKS 等三维建模软件生成的 STL 模型上得到了验证。同时对熔融沉积成型过程中精度误差的产生原因进行了分析和研究，包括原理性误差和工艺方面的误差。本章所实现的 STL 模型的可视化及其相关操作还为 STL 模型后续的分层处理环节提供了可视化支持，并通过对误差来源的研究为下文减少误差的研究提供了切入口。

第3章
分层软件系统架构设计与分析

　　分层软件，就是把 3D 模型按照层厚设置沿 Z 轴方向分层，并得到 G 代码，供设备使用。3D 打印机基本上都自带了控制软件，国外的很多免费或者开源的分层软件也可以直接使用，但是分层算法的数据冗余和分层效率与精度仍是讨论研究的焦点问题。

3.1 分层软件系统功能分析

开发分层软件之前，首先要对软件系统的功能需求进行分析。分层软件作为快速成型技术的核心要素，是由多个子模块组成的，每个模块实现不同的功能。著者开发的分层软件主要实现的功能如下：

（1）模型可视化 要实现该功能，就要求分层软件识别三维 CAD 软件生成的 STL 格式文件，并能根据 STL 模型的数据信息进行三维重建。

（2）模型数据分析 该功能用于获取 STL 模型的数据信息，其中包括 STL 文件大小、包围盒尺寸、三角面片数量、顶点和边的数量以及模型表面积和体积等信息。

（3）分层处理 该功能基于本书提出的分层算法实现 STL 模型的等厚度和适应性分层。

（4）分层效果展示 该功能用于显示指定层或者指定范围的分层轮廓以及分层处理的效率值（系统运行时间）。

图 3.1 所示为设计的分层软件功能模块图。

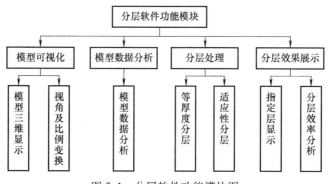

图 3.1 分层软件功能模块图

3.2　分层软件设计方案

对分层软件的功能需求进行系统分析后，就要规划相关功能的具体实现方案。本书中，分层软件采用模块化的思想进行开发。

模块化的程序设计思路依靠面向对象技术来实现，各模块之间既相互独立，又可以互相调用对方所封装的资源。为分层软件设计了三个模块，各模块之间的相互关系如图 3.2 所示。

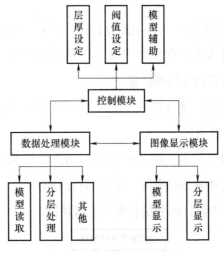

图 3.2　分层软件设计方案

1. 控制模块

该模块负责完成分层软件与用户的交互操作，获取用户输入的信息并传递给数据处理模块，以对信息进行数据化处理。模块的主要功能如下：

1）捕获有关模型变换操作的用户消息，如用户发出的按钮单击消息、键盘消息和鼠标消息等。

2）与分层处理相关信息的捕获，如分层厚度值的大小，适应性分层算法中几个变量阈值的设定。

3）获取用户对于模型显示的相关需求。

2. 数据处理模块

该模块主要通过分层软件的几何内核对用户输入的操作进行处理或运算，是整个分层处理软件的核心。该模块主要的功能如下：

1）读取导入的 STL 模型，获取模型上的数据信息，对 STL 模型进行初始的三维重建。

2）分层处理环节数据的计算与处理，如搜索相交三角面片、拓扑结构的构建、闭环轮廓的求解等核心工作。

3）处理 STL 模型的属性信息，如面片总数、模型面积和体积等。

3. 图像显示模块

该模块主要是在绘图区窗口显示数据处理模块的运算结果，把处理的结果以最直观的方式呈献给用户。该模块主要实现了以下功能：

1）对初始重建的模型进行三维显示，包括线框显示与上色显示，完成模型变换操作后的重绘等。

2）对模型的分层效果进行显示，包括全模型上分层轮廓的显示和指定层或指定范围内的轮廓显示。

3.3 开发工具介绍

Microsoft Visual C++ 6.0 是微软公司在 1998 年推出的基于 C++

语言的 Windows 应用程序编译器，支持面向对象编程技术。它提供
了功能强大的 MFC 基础类库，MFC 是微软公司为了降低程序员的
工作强度而开发的一个基于 C++类的集合，是一个面向对象的函
数库。

通过对开发资源的封装 MFC 产生了几个基础的应用程序框架模
板。开发应用程序时，根据具体的设计需求和目的，程序员可以选择
某个特定的应用程序模板，如，单文档应用程序模板、多文档应用程
序模板和基本对话框应用程序模板等 。MFC 通过使用应用程序向导
（AppWizard）可以方便地构建不同的应用程序模板，这些模板中，
MFC 已经为程序建立了窗口框架、相关的类、事件和消息处理等工
作。此外，基于其提供的大量的基类，程序员可以自定义和扩展应用
程序的功能。

VC++ 6.0 在调试运行方面的优势同样也很明显，可以对代码设
置断点进行单步调试，还可以进行远程调试。如果在调试程序期间修
改了部分代码，可以对修改的代码直接重新编译，而无需再次重复应
用程序的调试工作。它的编译系统还支持编译头文件、最小重建及累
加链接等功能。这些技术减轻了程序员的工作量和工作难度，大大提
高了应用程序的开发效率。

在编写源代码的过程中，编译器会根据当前输入的代码内容，自
动地显示出与当前代码相关的一些资源，辅助程序员完成代码编写工
作。例如，定义好一个对象后，当输入此对象时，编译器会自动提供
与当前对象相关的全部成员变量和成员函数。

VC++ 6.0 还提供了功能强大的帮助系统 MSDN（Microsoft
Software Developer Network，微软开发商网络），通过查看 MSDN，程
序员可以知道很多信息，如函数的参数和返回值说明、函数的作用、

所要求的环境、需要包含的头文件或库、函数使用例子及运行效
果等。

本书所开发的 STL 文件分层算法的数学计算相对比较复杂，要
求能实现高效的运算，此外还需设计多个对话框选项卡以实现相关参
数的赋值，最终还需要将开发的应用程序与驱动硬件匹配并和快速成
型设备相匹配。综合考虑所有的设计需求，选择 VC++ 6.0 为开发
工具。

3.4 分层软件的程序架构

VC++中的 MFC（基础类库）为开发基于 OpenGL 的 Windows 应
用程序提供了良好的开发环境。文档类和视类是 MFC 应用程序框架
的核心，这两者实现了模型数据的管理和可视交互操作的彼此分离。
文档类实现了应用程序中模型的管理，也就是对模型中对封装的数据
信息进行获取与处理。视类则负责实现文档类中模型数据的可视化及
人机交互处理，视类可以获取用户的请求并发送给模型，然后返回处
理结果并在窗口绘图区中重绘显示。

在 MFC 的应用程序框架结构中，文档类和视类的关系如图 3.3 所
示。图 3.3 中 CView class 表示视类，文档类用 CDocument class 表示。
视类绘制图形时，函数 OnDraw（ ）通过其成员函数 GetDocument（ ）获
取指向文档类的指针，通过该指针实现对文档类模型数据的访问，同
时视类将文档类中的数据在窗口绘图区进行绘制。此外，视类还负责
捕获用户发出的键盘、鼠标等消息并进行响应。

在数据管理和可视交互操作上，MFC 下的文档类和视类结构既
彼此独立又互相关联，这样就对数据层次和显示层次进行了很好的解

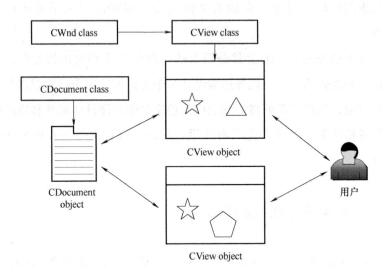

图 3.3　文档类和视类的关系

耦。在具体的实现上，开发的分层软件选择 MFC 提供的单文档应用
程序框架模板，根据 AppWizard（应用程序向导）就可以创建基本的
应用程序框架。在基础的 MFC 应用程序框架下，进一步进行设计与
开发就可实现需要的功能，应用程序框架主要由文档类、视类、主框
架类和应用程序类四个类组成。

1. 文档类 CSTLSlicingDoc

分层处理应用程序 STLSlicing 中的数据处理工作主要由文档类负
责。在应用程序 STLSlicing 中，CSTLSlicingDoc 派生于 MFC 的文档基
类 CDocument，并创建了存放几何模型的对象 m_Part。m_Part 是高级
几何模型类 CPart 定义的对象，用来管理和存储 STLSlicing 应用程序
中所有的几何模型。有关文档类 CSTLSlicingDoc 定义的部分代码
如下：

```
class CSTLSlicingDoc : public CDocument
{
protected:
    CSTLSlicingDoc();
    DECLARE_DYNCREATE(CSTLSlicingDoc)
public:
    CPart m_Part;
    virtual void Serialize(CArchive & ar);
    ......
protected:
    afx_msg void OnFileOpen();
};
```

上述代码中，串行化函数 Serialize( ) 实现了对几何模型对象 m_Part 的串行化存储和读取操作。其中几何模型对象 m_Part 代表的几何模型可以是已存储在磁盘中的二进制文件，也可以是从一个磁盘文件中读取并用于创建的对象。

2. 视类 CSTLSlicingView

视类 CSTLSlicingView 主要实现文档类中数据的可视化，并且完成用户与图形窗口之间的交互操作。视类 CSTLSlicingView 派生于 OpenGL 的视图基类 CGLView，实现几何模型对象 m_Part 在 OpenGL 环境下的绘制和操作。在大多数应用程序中，视类都是派生自 MFC 的视图基类 CView。但是视图基类却无法直接调用 OpenGL 中的功能，因此在 OpenGL 的图形绘制库 glContext. dll 中构建了基于视图基类的 CGLView 类，OpenGL 的图形绘制功能封装在 CGLView 类中。由于在 CGLView 类中已经实现了主要的模型显示和操作功能，视类

CSTLSlicingView 主要实现对用户输入指令的捕获，并调用 CGLView
中的相关函数对用户输入的指令进行响应。有关 CSTLSlicingView 定
义的部分代码如下：

```
class CSTLSlicingView : public CGLView
{
protected:
    CSTLSlicingView();
    DECLARE_DYNCREATE(CSTLSlicingView)
    ......
public:
    virtual void RenderScene(COpenGLDC* pDC);
    ......
};
```

上述代码中，视类中的虚函数 RenderScene() 在视图基类 CGL-
View 的绘图响应函数 CGLView：OnDraw 中被调用，用于执行基于
OpenGL 的场景绘制，即绘制几何模型对象 m_Part 中所包含的所有几
何内容。用户可在 RenderScene() 函数中直接或间接调用 OpenGL 的
图形绘制命令，以实现三维模型的绘制。

3. 主框架类 CMainFrame

主框架类 CMainFrame 中，创建了菜单栏、状态栏和工具栏等应
用程序界面对象并实现了对这些对象的操作和管理。这些对象共同构
建了整个应用程序的外观，即窗口界面。

4. 应用程序类 CSTLSlicingApp

应用程序类 CSTLSlicingApp 派生于类 CWinApp 类，负责管理
应用程序的主线程，从程序的初始化、运行，直到最后的消除

任务。

图 3.4 所示为分层软件的 MFC 文档类和视类结构框架。

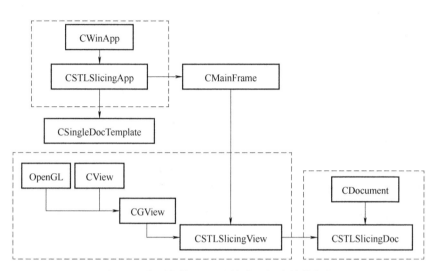

图 3.4　分层软件 MFC 文档类和视类结构框架

3.5　分层软件模块结构分析

本书中，所开发的 STL 模型分层处理应用程序 STLSlicing 由一个可执行程序 STLSlicing.exe 和三个动态链接库（Dynamic Link Libaray，简称 DLL）构成，三个动态链接库分别提供了用于处理 STL 模型的类、函数和资源。这三个动态链接库分别是：

1. 基本几何库 GeomCalc.dll

基本几何库提供了基本的几何对象类与几何关系计算函数，如描述点、矢量、齐次矩阵的类及相关的几何关系计算函数。基本几何库是 CAD 系统中最基础的模块，CAD 系统中，凡是涉及几何图形绘制、操作及可视化等相关的功能都离不开这些基本的几何对象类和计算函数。基本几何库是进一步开发其他高级命令功能的基石，分层软件系统中另外两个链接库，即几何内核库和图形绘制库都建立在 Geom-Calc. dll 的基础之上。

2. 图形绘制库 glContext. dll

图形绘制库提供了三个用于 OpenGL 三维图形绘制的类，它们分别是照相机类（GCamera）、绘图类（COpenGLDC）和视图基类（CGLView）。图形绘制库中提供的图形绘制类匹配了与 MFC 相同的运行机制，通过面向对象的技术对 OpenGL 的有关功能进行了封装。MFC 下可以方便地调用图形绘制库中的类，实现对 OpenGL 的初始化设置和三维模型的显示操作，如视图变换、显示缩放、光照或材质的设置等。图形绘制库 glContext. dll 建立于 MFC 以及基本几何库 Geom-Calc. dll 的输出类的基础之上。

3. 几何内核库 GeomKernel. dll

几何内核库提供了四个用于描述 STL 模型几何对象的类，它们分别是三角面片对象类（CTriChip）、几何对象基本类（CEntity）、几何模型类（CSTLModel）和高级几何模型类（CPart）。几何对象（点、线、面、实体等）是 CAD 系统操作、管理和显示的核心要素，这些对象相互之间又存在紧密的联系，如相互之间存在层次关系和拓扑结构关系。几何内核库实现了对全部几何对象以及它们相互之间关系的管理和操作。图 3.5 所示为各动态链接库之间以及各动态链接库与 MFC 类库之间的关系示意图。

图 3.6 所示为应用程序 STLSlicing 在 VC++ 6.0 开发环境下，项目工作区窗口中的类视图标签页，该图中呈现了所有有关 MFC 和 OpenGL 的项目以及其中的类资源。

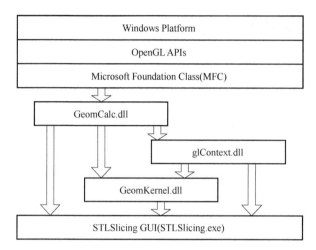

图 3.5   分层软件层次结构

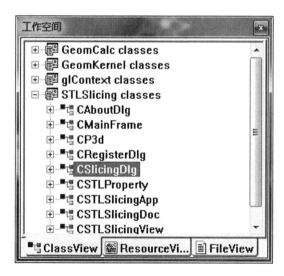

图 3.6   类视图标签页

3.6 本章小结

　　本章介绍了快速成型软件开发的功能需求及模块划分，讲述了在 MFC 开发环境下，利用面向对象的方法设计快速成型软件的相关技术。其中包括程序总体架构的设计与分析、各功能模块的区分及相应动态链接库的开发。

第4章
熔融沉积成型中轮廓的提取
以及 NURBS 曲线拟合

本文使用 STL 文件格式，这种格式的特点是简单易读。STL 格式文件实质上是由有限个小三角面片逼近 CAD 模型表面，这只是原始模型的近似，类似于直角坐标上用直线逼近曲线。因此，STL 模型切片之后可得到一系列有序点，多条折线按顺序相互连接得到截面轮廓。如果原始几何模型里不存一条曲线，那么可以通过增加三角面片的数量使小三角形完成精准拟合，没有误差，否则必然有几何误差。由于 STL 文件格式的特点，截面轮廓必然是由许多小的直线段组成，在整个截面轮廓中存在一部分线段变化率不大的情况。在这种情况下，引入 NURBS 曲线来对截面轮廓线中短线段密集区域且相邻小线段变化率（不包括那些长度较长的线段）在某一范围的线段组拟合处理。因此需要求得轮廓线中需要采用 NURBS 曲线进行拟合的相邻线段，再根据 NURBS 曲线拟合的步骤，得到的轮廓型值点反求出控制点，代入推导公式中完成拟合。再由所求得的控制点，通过偏移量求得轮廓偏置曲线。

　　在熔融沉积成型打印技术的轮廓提取的算法中，对截面交点的跟踪和存储是需要解决的问题，如果同一轮廓二维截面中存在两个以上轮廓的情况下，还需要对交点进行标记，完成上面步骤，把分层平面与 STL 模型相交后求得交叉线段分别存储在线段矩阵，从而得到整个轮廓。同时对截面轮廓进行错误轮廓信息的修正算法，在所得到的截面轮廓上判断出需要进行拟合的线段。

4.1　截面轮廓线的提取

　　首先对截面轮廓线进行提取，本文采用的 STL 格式文件具有方便读取且简单的特点。通过 STL 的文本文件可以把每个小三角形的顶点存储在矩阵 3D×n 中。在这种存储过程不包含顶点的单位法向量的信息，其目的是为了节省内存并且减小接下来分析过程的复杂程度。

　　采用交点跟踪法提取截面轮廓，在得到的截面轮廓数据上采用优化处理降低多余数据，加快程序的运算效率，以求得点的坐标。

　　图 4.1 表示的是 STL 模型中小三角面片与第 i 层上的分层截面相交的情况，点 V_1 的坐标是 (x_1, y_1, z_1)，点 V_2 的坐标是 (x_2, y_2, z_2)，分层截面的高度值是 z_p，求解 P 点的坐标公式为：

$$\frac{x_2 - x_1}{x_p - x_1} = \frac{y_2 - y_1}{y_p - y_1} = \frac{z_2 - z_1}{z_p - z_1} \tag{4.1}$$

进一步化简得：

$$\begin{cases} x = x_1 - \dfrac{(x_1 - x_2)(z_1 - z_p)}{z_1 - z_2} \\[3mm] y = y_1 - \dfrac{(y_1 - y_2)(z_1 - z_p)}{z_1 - z_2} \\[3mm] z = z_p \end{cases} \tag{4.2}$$

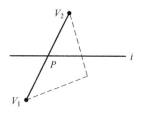

图 4.1   求交点坐标

把当前截面与所有的小三角面片的交点都存储在初始的交点链表中，此时这些交点之间没有任何关联信息的状态。这种方法是把当前截面与所有的小三角面片的交点采用排序的方法，再获得有序的交点链表，进而得到截面多边形轮廓。小三角形 1 和小三角形 2 与当前截面位置关系，如图 4.2 所示。

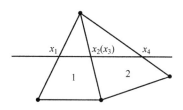

图 4.2   三角形边与截面交点

如图 4.2 所示，分层截面平面与小三角形 1 的交点为点 x_1 和 x_2，分层截面平面与小三角形 2 的交点为点 x_3 和 x_4。他们均被存储在初始的交点链表中，从图 4.2 也可以很明显地看出点 x_2 和点 x_3 是重合的。

把 x_1 作为起始点来构建一个顺序链接表，x_2 与 x_1 同属于一个小三角形 1，因此 x_2 可以作为 x_1 的下一个指针来进行追踪，然后 x_2 与 x_3 是重合的，所以它们在表链中具有相同的坐标值。而 x_4 与 x_3 又同属于一个小三角形 2，因此 x_4 又可以通过 x_3 为桥梁添加到交点链表中。重复上述步骤，最终一个交点是追踪到起始点 x_1，从而形成一个闭合的曲线，所需要的轮廓曲线（如图 4.3 所示）。

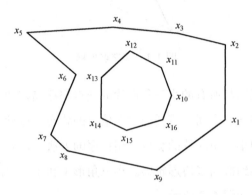

图 4.3　轮廓曲线

$$\begin{bmatrix} x_1 & y_1 & z_1 \\ x_2 & y_2 & z_2 \\ x_3 & y_3 & z_3 \end{bmatrix} \tag{4.3}$$

在一层中可能存在两个或者多个以上的轮廓的情况，因此在轮廓提取追踪交点的过程中，把已经追踪的交点从初始交点链表中去掉。如果初始链表中还有存在的交点，那么继续下一个轮廓的构建，直到初始链表中没有交点，程序结束。这样就可以得到所有的轮廓。

执行过程如下：

1）读取 STL 文件，提取 STL 中小三角面片的数据信息。

2）浏览小三角形的数据信息。

3）判断当前截面与小三角面片是否有交点，有交点则转到步骤

4），否则转到步骤 2）。

4）求出交点并把交点信息存在初始交点链表中。

5）判断是否所有的小三角面片已经被浏览完毕，如果完成则跳到步骤 6），否则转到步骤 2）。

6）程序结束。

4.2　截面轮廓中需要被拟合区域的判断方法

通过上面交点链表得到的顺序链表就可以得到截面轮廓中各点的坐标，然后通过式（4.4）计算出每一条小线段的斜率 k_n。

$$k_n = \frac{y_{n+1} - y_n}{x_{n+1} - x_n} \tag{4.4}$$

然后由两条相邻小线段的斜率，求出两直线的角度：

$$\tan\alpha = (k_1 - k_2)/(1 + k_1 k_2) \tag{4.5}$$

在实际分层截面得到的多边形轮廓中，这个多边形轮廓是由很多线段组成的。如果在三维模型中存在面积较大的平面，那么这些大面积的平面在进行 STL 模型网格化过程后，大平面也是由很稀疏的三角面片组成的，而且这些三角形的面积也会很大，在进行分层时，分层截面与 STL 模型相交得到的线段长度和线段数量也会因为模型复杂程度而不同。

如图 4.4 所示为车门的 STL 文件模型，可以看到，在车门模型左侧部分网格就比较密集，而模型右侧部分因为是大平面的原因，网格就比较稀疏。那么得到的截面轮廓中有可能存在不需要拟合的线段，如长度较长的直线段。

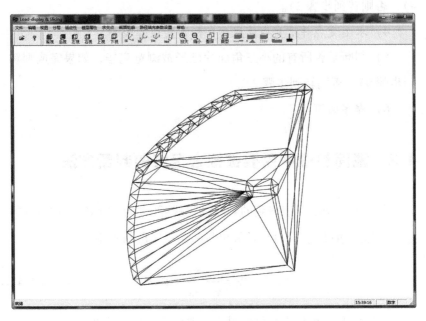

图 4.4　车门 STL 文件

研究发现，实际轮廓中需要被拟合的部分往往是网格密集部分，在小三角形密集部分分层截面得到的点也会密集，点与点连接成多边形，点与点的线段距离也就不大，因此相邻线段的差值可以作为一个寻找拟合部分的标准。再就是可以通过选取相邻直线倾斜角的差值在某一阈值范围的线段作为 NURBS 需要拟合的轮廓线的标准，通过这两个标准得到需要被拟合的曲线部分。

同时将夹角度数大于 180°的轮廓交点作为该轮廓的凹点，少于180°的轮廓交点作为该轮廓凸点。

选取某一高度分层截面与车门 STL 模型相交，得到该面与车门STL 模型的相交点，如图 4.5 所示。

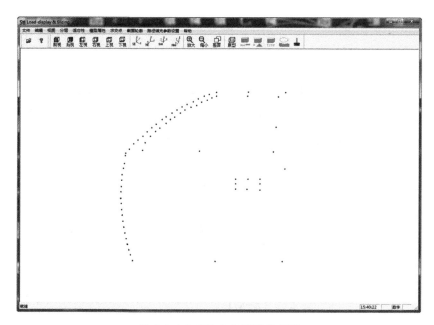

图 4.5   由 STL 文件得到交点图

4.3   非均匀有理 B 样条（NURBS）曲线概述

对得到的截面轮廓相关点信息引入 NURBS 曲线进行拟合，与 Bezier 曲线相比，B 样条（B-Spline）曲线既可以保持 Bezier 曲线的直观性和凸包性等优点，也可以通过多项式次数单独控制点数目。而且非有理 B 样条曲线允许局部调整 NURBS 的主要特点：①有容易理解的几何解释的工具和算法；②算法速度较快，且在数值上比较稳定。由于以上的优点，非有理 B 样条曲线被普遍使用。

非有理 B 样条曲线是由许多样条曲线段光滑连接在一起。基于 NURBS 的轮廓曲线的一般表示形式为：

$$C^{i,j}(u) = \frac{\sum\limits_{i=0}^{n} w_i N_{i,p}(u) d_i}{\sum\limits_{i=0}^{n} w_i N_{i,p}(u)} \tag{4.6}$$

其中，$C^{i,j}(u)$ 表示的是第 i 层切片中第 j 个轮廓，u 是参数变量（$u \in [u_i, u_{i+1}]$），w_i 是和控制点相关的权值，d_i 是控制点，p 是次数。当 $p = 3$ 时，NURBS 曲线表达式如下：

$$C^{i,j}(u) = \frac{\sum\limits_{i=0}^{n} w_i N_{i,3}(u) d_i}{\sum\limits_{i=0}^{n} w_i N_{i,3}(u)} \tag{4.7}$$

其中 $u \in [u_i, u_{i+1}]$，令：

$$\begin{cases} \Delta_i^k = (u_{i+k} - u_i), k = 0,1,2,3 \\ t = \dfrac{(u - u_i)}{(u_{i+1} - u_i)}, t \in [0,1] \end{cases} \tag{4.8}$$

对式（4.7）进行参数转换，可得到 3 次 NURBS 曲线的矩阵表达式：

$$C(t) = \frac{\begin{bmatrix} 1 & t & t^2 & t^3 \end{bmatrix} M_i \begin{bmatrix} w_{i-3} d_{i-3} & w_{i-2} d_{i-2} & w_{i-1} d_{i-1} & w_i d_i \end{bmatrix}}{\begin{bmatrix} 1 & t & t^2 & t^3 \end{bmatrix} M_i \begin{bmatrix} w_{i-3} & w_{i-2} & w_{i-1} & w_i \end{bmatrix}} \tag{4.9}$$

其中 $0 \leqslant t \leqslant 1$，$i = 3, 4, \cdots, n$

$$M_i = \begin{bmatrix} m_{11} & m_{12} & m_{13} & m_{14} \\ m_{21} & m_{22} & m_{23} & m_{24} \\ m_{31} & m_{32} & m_{33} & m_{34} \\ m_{41} & m_{42} & m_{43} & m_{44} \end{bmatrix}$$

$$= \begin{bmatrix} \dfrac{(\Delta_i)^2}{(\Delta_{i-1})^2(\Delta_{i-2})^3} & 1-m_{11}-m_{13} & \dfrac{(\Delta_{i-1})^2}{(\Delta_{i-1})^2(\Delta_{i-1})^3} & 0 \\[4mm] -3m_{11} & 3(m_{11}-m_{23}) & \dfrac{3\Delta_i\Delta_{i-1}}{(\Delta_{i-1})^2(\Delta_{i-2})^3} & 0 \\[4mm] 3m_{11} & -3(m_{11}+m_{33}) & \dfrac{3(\Delta_i)^2}{(\Delta_{i-1})^2(\Delta_{i-2})^3} & 0 \\[4mm] -m_{11} & m_{11}-m_{43}-m_{44} & -3\left|\dfrac{m_{33}}{3}+m_{44}+\dfrac{(\Delta_i)^2}{(\Delta_i)^2(\Delta_{i-1})^3}\right| & \dfrac{(\Delta_i)^2}{(\Delta_i)^2(\Delta_i)^3} \end{bmatrix}$$

4.4　截面轮廓曲线部分的 NURBS 曲线拟合

在设定的拟合误差条件下，将截面轮廓曲线在合理公差范围内采取样条化处理，以获得型值点，然后按顺序把得到的型值点相连，这样得到的曲线就被称为曲线打印路径，即 NUBRS 曲线拟合算法的基本思想。本节根据上文的计算提取交点信息，就可以得到所需轮廓中的型值点，所以这里做简化处理后就能进行曲线拟合。目前对曲线拟合的方法有两种方法：正向工程和逆向工程。正向工程是通过人为得到和输入所需拟合的曲线控制点，调节输入控制方法进行拟合。逆向工程是由人工输入控制点，然后根据控制点反求型值点。这里使用的是第二种方法，即由前面求得型值点反求得到控制点，接下来再进行后处理。如果有（$n+1$）个数的型值点，且非有理 B 样条曲线的阶次为 p 次时，那么可以反求出有（$n+p$）个曲线控制点个数，也就是控制点要比型值点的个数多出（$p-1$）个，节点的个数为（$n+2p$）。

3 次 NURBS 曲线拟合算法的过程：

1）确定型值点 P_i 数目。

2）确定节点矢量 $\boldsymbol{U} = \left[u_0,\ u_1,\ \cdots,\ u_{n+2p} \right]$。

为了使一条 p 次曲线以此通过一组型值点 P_i（$i = 0,\ 1,\ 2,\ \cdots,\ m$），所确定的节点 u_{i+p} 就应该与该曲线的型值点 P_i 相对应。也正是由于这种对应关系，在这种方法中可以获得的控制点 $C_p^{i,j}$（$i = 0,\ 1,\ 2,\ \cdots,\ n$）数目将为（$n+1$）个，其中，$n = m+p-1$。在重复度方面，位于曲线开头和结尾处的节点矢量将为（$p+1$）阶，与之相对应的节点矢量表示为如下：

$$\boldsymbol{U} = \left[u_0, u_1, \cdots, u_{n+p+1} \right]$$

$$u_0 = u_1 = u_2 = \cdots = u_p = 0$$

$$u_{n+1} = u_{n+2} = u_{n+3} = \cdots = u_{n+p+1} = 0$$

参数值与型值点相对应，在拟合曲线光顺性的过程中，为了求出这些参数值 u_{i+k}（$i = 0,\ 1,\ 2,\ \cdots,\ n-1$），通过累积弦长参数化法对其进行研究。在这里需要对型值点进行处理，通过节点与节点的长度都会与曲线两个型值点的距离相对应。

一般情况下都会选择 3 次 NURBS 曲线进行拟合，因此这里也使用 3 次 NURBS 曲线拟合。若构造 3 次曲线，其节点矢量为：

$$\overline{U} = \left\{ \overline{u}_0, \overline{u}_0, \cdots, \overline{u}_0 \right\} = \left\{ 0, \frac{L_1}{L}, \frac{L_1 + L_2}{L}, \cdots, \frac{\sum_{i=1}^{n} L_i}{L}, 1 \right\} \tag{4.10}$$

根据 3 次 NURBS 曲线的定义可得，定义区间应当不包含节点矢量中、前、后三个参数。所以端点应该使用四重节点：

$$U = \left[0, 0, 0, 0, u_{p+3} = \overline{u}_p (p = 1, 2, 3, \cdots, n-1), 1, 1, 1, 1 \right] \tag{4.11}$$

这种选取节点的好处是避免所有型值点影响的控制点都相同。

3）权因子优化，对于 w_j，一般方法为 $w_j = 1$，构造初始曲线后，再根据所得的曲线形状进行调整。

4）计算控制点 d_i, i = 0, 1, 2, …, $n+k-1$。给定型值点 P_i（i = 0, 1, 2, …, n），型值点所对应的节点矢量为：U = $[$0, 0, 0, 0, u_{k+1}, u_{k+2}, …, u_k, 1, 1, 1, 1$]$。

控制点所对应的权因子 w_j = 1, $d_p^{i,j}$（i = 0, 1, 2, …, n）为所求控制顶点，其中：$n=m+k-1$。由式（4.9）依据插值要求得：

$$\begin{cases} c_0(0) = C_0 \\ c_i(0) = c_{i+1}(0) = C_{i+1} \\ c_{n-2}(0) = C_m \end{cases} \tag{4.12}$$

其中，i = 0, 1, 2, …, $n-3$。由于：

$$[1 \quad 0 \quad 0 \quad 0] M_i = \begin{bmatrix} \dfrac{(\Delta_{i+3})^2}{(\Delta_{i+2})^2(\Delta_{i+1})^3} \\ 1-\dfrac{(\Delta_{i+3})^2}{(\Delta_{i+2})^2(\Delta_{i+1})^3}-\dfrac{(\Delta_{i+3})^2}{(\Delta_{i+2})^3(\Delta_{i+2})^3} \\ 1-\dfrac{(\Delta_{i+3})^2}{(\Delta_{i+2})^2(\Delta_{i+1})^3}-\dfrac{(\Delta_{i+3})^2}{(\Delta_{i+2})^3(\Delta_{i+2})^3} \\ \dfrac{(\Delta_{i+2})^2}{(\Delta_{i+2})^2(\Delta_{i+3})^3} \end{bmatrix}^T \tag{4.13}$$

则：

$$C_i = c_i(0) = \frac{[1 \quad 0 \quad 0 \quad 0]M_i[w_i C_i \quad w_{i+1}C_{i+1} \quad w_{i+2}C_{i+2} \quad w_{i+3}C_{i+3}]^T}{[1 \quad 0 \quad 0 \quad 0]M_i[w_i \quad w_{i+1} \quad w_{i+2} \quad w_{i+3}]^T}$$

$$\tag{4.14}$$

其中：

$$[1 \quad 0 \quad 0 \quad 0]M_i[w_i C_i \quad w_{i+1}C_{i+1} \quad w_{i+2}C_{i+2} \quad w_{i+3}C_{i+3}]^T$$

$$=\frac{(\Delta_{i+3})^2}{(\Delta_{i+2})^2(\Delta_{i+1})^3}w_i d_i+\left(1-\frac{(\Delta_{i+3})^2}{(\Delta_{i+2})^2(\Delta_{i+1})^3}-\frac{(\Delta_{i+2})^2}{(\Delta_{i+2})^2(\Delta_{i+2})^3}\right)w_{i+1}d_{i+1}$$

$$+\frac{(\Delta_{i+3})^2}{(\Delta_{i+2})^2(\Delta_{i+3})^3}w_{i+2}d_{i+2}$$

$$[1 \quad 0 \quad 0 \quad 0]M_i[w_i \quad w_{i+1} \quad w_{i+2} \quad w_{i+3}]^T$$

$$=\frac{(\Delta_{i+3})^2}{(\Delta_{i+2})^2(\Delta_{i+1})^3}w_i+\left(1-\frac{(\Delta_{i+3})^2}{(\Delta_{i+2})^2(\Delta_{i+1})^3}-\frac{(\Delta_{i+2})^2}{(\Delta_{i+2})^2(\Delta_{i+2})^3}\right)w_{i+1}$$

$$+\frac{(\Delta_{i+3})^2}{(\Delta_{i+2})^2(\Delta_{i+3})^3}w_{i+2}$$

令：
$$a_{i+1}=\frac{(\Delta_{i+3})^2}{(\Delta_{i+2})^2(\Delta_{i+1})^3}w_i$$

$$b_{i+1}=\left\{1-\frac{(\Delta_{i+3})^2}{(\Delta_{i+2})^2(\Delta_{i+1})^3}w_i-\frac{(\Delta_{i+2})^2}{(\Delta_{i+2})^2(\Delta_{i+2})^3}\right\}w_{i+1}$$

$$c_{i+1}=\frac{(\Delta_{i+2})^2}{(\Delta_{i+2})^2(\Delta_{i+2})^3}w_{i+2}$$

可得：
$$a_{i+1}d_{i+1}+b_{i+1}d_{i+1}+c_{i+1}d_{i+1}=(a_{i+1}+b_{i+1}+c_{i+1})C_i$$

将上式改写成方程组的矩阵形式，即可得：

$$\begin{bmatrix} b_0 & c_0 & 0 & 0 & 0 & 0 \\ a_1 & b_1 & c_1 & 0 & 0 & 0 \\ 0 & a_2 & b_2 & c_2 & 0 & 0 \\ 0 & 0 & \cdots & \cdots & \cdots & 0 \\ 0 & 0 & 0 & a_{n-1} & b_{n-1} & c_{n-1} \\ 0 & 0 & 0 & 0 & a_n & b_n \end{bmatrix}\begin{bmatrix} d_1 \\ d_2 \\ d_3 \\ \cdots \\ d_{n-1} \\ d_n \end{bmatrix}=\begin{bmatrix} Q_1 \\ Q_2 \\ Q_3 \\ \cdots \\ Q_{n-1} \\ Q_n \end{bmatrix} \quad (4.15)$$

其中：
$$Q_n=(a_n+b_n+c_n)C_{n-1}$$

式 (4.15) 中共有 ($m+1$) 个方程、($n+1$) 个未知量，其中

$m=n-2$。然而所给出的条件仍不能求解方程组，所以就应该补充两个附加方程。一般情况下，边界条件有二种：切矢条件和闭曲线条件。本文选择切矢条件作为边界条件。

这里从力学的角度解释切矢条件。通常切矢条件可以被理解为梁的端点处是固定的情况，也正是这个原因，得到的切线方程方向就是一个不改变的值。所以在方程组最后可以添加下面两个附加方程，其中，c_0' 与 c_m' 为给定的首末型值点处的切矢，即端点切矢。m 为型值点的数目，p 是样条曲线的次数，此处 $p=3$，由切矢边界条件得到的附加方程为：

$$\begin{cases} d_1-d_0=\dfrac{\Delta_3}{3}c_0' \\[2mm] d_n-d_{n-1}=\dfrac{\Delta_n}{3}c_m' \end{cases} \quad (4.16)$$

5）将已经求得的控制顶点 d_i、节点矢量 U 及相应的权因子 w_i 代入公式（4.9），即可完成对截面轮廓中曲线的拟合。

4.5 本章小结

本章内容旨在提取当前层截面轮廓，以及优化拟合截面轮廓减少误差。首先运用交点跟踪法求得当前层截面轮廓点，从而得到当前层截面轮廓线。通过轮廓多边形斜率的变化率求得需要被拟合的线段组，即实际轮廓中曲线的轮廓，然后再使用 NURBS 曲线对曲线部分进行拟合，其目的是得到与实际轮廓更接近的轮廓曲线以减少误差。

第 5 章
分层算法

　　由于 STL 模型中各三角面片之间不存在拓扑关系，分层处理时能否快速找到与分层平面相交的三角面片及利用相交三角面片得到闭环轮廓是决定分层效率的关键。

5.1 分层算法关键点分析

STL 文件的数据量庞大，一个形状复杂的实体模型甚至由几万个三角面片组成，每个三角面片有三条边，每条边被两个三角面片共享，因此数据的冗余量比较大。如果只从模型中提取数据，会出现很多冗余操作，搜索效率较低且后续的处理计算量很大。因此要提高分层效率就要对模型上的数据信息进行预处理，去除冗余信息。目前这样的方法主要有三类：全局拓扑结构法、三角面片几何特征法和三角面片分组法。

（1）全局拓扑结构法 该方法要求建立全模型拓扑结构。首先以任意一个三角面片作为加入拓扑结构的第一个元素，然后以三角面片之间的共点规则搜索每个三角面片的邻接三角面片，直至模型上的全部三角面片都加入拓扑结构。基于这样的方法，分层时能根据全局拓扑结构迅速找到与分层平面相交的所有三角面片，并获得有序交点，直接生成闭环轮廓；但这样的方法在建立拓扑结构时，每操作一个三角面片，就要对全模型上的数据遍历一次，建立全局拓扑结构比较耗时。

（2）三角面片几何特征法 该方法主要考虑了一个重要的几何特征，那就是三角面片和分层平面的位置关系。如果三角面片的三个顶点坐标中 Z 坐标的最大值小于分层平面（分层方向与 Z 轴同向）的高度值或最小值大于分层平面的高度值，则肯定不与分层平面相交。依据这个特征对模型上的全部三角面片进行高低位置排序。该方法在搜索与分层平面相交的三角面片时，能缩小搜索范围，快速找到相交三角面片。但模型上三角面片的位置排序比较复杂，且还要对交点进行排序才能获得闭环轮廓。

（3）三角面片分组法　该方法在分层方向上按一定的组别大小将模型从上到下平均分组。根据三角面片所处的位置，将三角面片归置到相应的组内。分层时建立一个对象用于存储当前层上的三角面片，以确保跨越多个层面的三角面片参与下一层上的遍历。分层时只需搜索分层平面所处组别和所建立对象内的三角面片即可。这样可以快速搜索与分层平面相交的三角面片。但分组法相对适用于三角面片面积小且密集分布的 STL 模型。

综合考虑上述几种分层方法的各自优点，提出遍历范围逐步缩减的动态拓扑分层算法。该算法的基本思路是：建立一个集合类数组对象存储全模型上的三角面片。搜索相交三角面片时，对其进行遍历并删掉与分层平面相交的三角面片，实现遍历范围的逐步缩减，使搜索速度越来越快。同时还要将相交的三角面片加入另一集合数组对象"自由三角表中"中，并建立该数组的拓扑结构，快速求解闭环轮廓。其中，自由三角表中的元素是不断更新的，它始终保存了与当前分层平面相交的三角面片，所以基于其建立的拓扑结构也是动态的。

5.1.1　相交三角面片处理

如果三角面片与分层平面相交（分层方向与 Z 方向同向），则三角面片与分层平面的相对位置关系可能是下面三种中的任意一种：

（1）三角面片与分层平面交于一点　当出现这种情况时，三角面片的三个顶点中有且只有一个处于分层平面内，其余两个顶点分布在分层平面的同一侧，如图 5.1 所示。

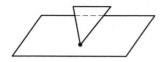

图 5.1　分层平面与三角面片交于一点

（2）三角面片与分层平面交于两点　此时三角面片与分层平面
相交产生两个不同的交点。在这种情况下有三种可能：①三角面片和
分层平面相交于一个顶点和三角面片一条边上的点；②三角面片与分
层平面相交于一条边；③三角面片的两条边分别与分层平面相交，如
图 5.2 所示。

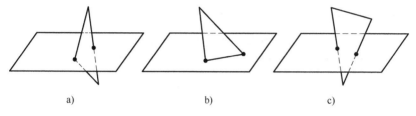

a)　　　　　　　　　b)　　　　　　　　c)

图 5.2　分层平面与三角面片交于两点

（3）三角面片在分层平面内　如图 5.3 所示，整个三角面片与
分层平面重合。

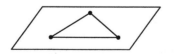

图 5.3　三角面片位于分层平面内

上述三种相交情况中，当出现第三种情况时，意味着 STL 模
型出现了与分层平面重合的三角面片。根据相邻三角面片的共边
规则，则必有如图 5.2b 所示的三角面片与之相邻。所以在该分

层平面上构建闭环轮廓时，往往出现在 STL 模型中重合的三角面
片不在少数，如果不令其参与分层处理就会减少搜索以及求交
次数。

　　本书提出在搜索相交三角形的过程中，首先建立一个集合类数组
存储全模型上的三角形，在搜索相交三角面片时对这个数组进行遍历
并同时删除搜索到的三角面片，避免下一次遍历时三角面片被重复搜
索。基于这样的方法实现了遍历范围的逐步缩小。在一个 STL 模型
完成分层工作时，遍历次数仅是分层的层数，这就在一定程度上提高
了分层处理环节的效率。表 5.1 列出了不同层上遍历范围的大小，不
同的分层平面用数字 1 到 n 表示，F_s 表示模型上的所有三角面片，F_1
到 F_{n-1} 表示每一层上的相交三角面片。

表 5.1　遍历范围的大小

分层平面	遍历范围
1	F_s
2	$F_s - F_1$
3	$F_s - F_1 \cap F_2$
⋮	⋮
$n-1$	$F_s - F_1 \cap \cdots \cap F_{n-2}$
n	$F_s - F_1 \cap \cdots \cap F_{n-1}$

　　由于快速成型技术的分层厚度一般都很小，所以相邻两层上的相
交三角面片重复率很高。这就意味着当从遍历范围内搜索到相交三角
面片时，除了将其从遍历范围内删除，达到缩小遍历范围的目的，还
要把相交三角面片存放于一个对象中以便于下一层的分层处理。这个
存储相交三角面片的对象称之为自由三角表。

5.1.2 自由三角表及其动态拓扑

自由三角表存储了当前分层平面上所有的相交三角形。自由三角表中的元素（相交三角面片）随分层平面的变化不断更新。更新是根据三角面片与分层平面的位置关系来判断的。如果三角面片已经处于分层平面的下方（分层方向与 Z 方向同向），则表示该三角面片已不与分层平面相交，所以将其从自由表中删除。

图 5.4 所示为一个 STL 模型中的局部范围内的三角面片分布情况，图中对每个三角面片进行了编号，i 代表的是第 i 个分层平面。表 5.2 为各分层平面所对应的自由表中的三角面片。

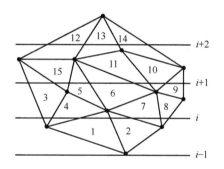

图 5.4 STL 模型局部示意图

表 5.2 自由三角表

分层平面	自由三角表中元素
i	1、2、3、4、7、8
$i+1$	3、5、6、9、10、11、15
$i+2$	12、13、14

自由三角表的建立除了保存相交的三角面片外，另一个作用是建

立拓扑结构。由于自由三角表内的元素是不断更新变化的，故基于自由三角表的拓扑结构是动态的。动态拓扑结构的创建使得自由三角表中的三角面片相互之间有了邻接关系，这就为下一步的求交点及闭环轮廓的生成提供了基础。

由于 STL 模型分层处理中的相邻两层之间的三角面片几乎是相同的，所以基于自由三角表的拓扑结构，只有在处理第一层上的相交三角面片时，拓扑结构需要完全重建，而下一层拓扑结构只需对上一层进行局部更新即可。

5.2　等厚度分层的实现

5.2.1　求相交三角面片

1. 遍历范围逐部缩减的实现

创建一个数组集合类 CTypedPtrArray 的对象 CTypedPtrArray<CObArray，CTriChip ∗ >m_TriList 来存储所有参与遍历的三角面片，该集合类的元素是指向定义三角面片类的指针类型。三角面片的数据结构包括串行化声明及存取、三角面片顶点和外法矢数据、构造和析构及显示函数、操作符重载。具体定义如下：

```
class AFX_EXT_CLASS CTriChip:public CObject
{
    DECLARE_SERIAL(CTriChip)
public:
    CPoint3D  vex[3];
    CVector3D normal;
```

```
public:
    CTriChip();
    CTriChip(const CPoint3D& v0,const CPoint3D& v1,
const CPoint3D& v2,const CVector3D& norm);
    virtual~CTriChip();
    virtual void Draw(COpenGLDC* pDC);
    virtual void Serialize(CArchive& ar);
    const CTriChip& operator=(const CTriChip&);
};
```

第一次遍历 m_TriList 对象时，要去除 m_TriList 对象中三个顶点坐标 Z 值都相同的三角面片，因为这些三角面片如果与分层平面相交，则三个点全都在平面内（分层方向为 Z 轴方向），该类三角面片即使从遍历范围中删除也不会影响分层结果。这样的操作是为了减少相交三角面片的搜索次数并提高分层效率。

首先根据预设的分层厚度进行第一层的分层处理。遍历 m_TriList 对象，搜索第一层上的相交三角面片，并对相交的三角面片做 m_TriList. RemoveAt(i) 和 m_triTuoPu. Add(i) 操作。前者表示从对象中删除该元素，i 代表三角面片在对象中的索引号。后者表示将相交三角面片存入自由三角表内。基于这样的操作使得 m_TriList 对象中，被判定已经与当前层相交的三角面片将不参与下一层对该对象的遍历操作。同时自由三角表保存了被删除的且有可能参加下一层遍历操作的三角面片。

2. 自由三角表的创建

经过第一次遍历 m_TriList 后，对第一层上的相交三角面片做了 m_TriList 对象的成员删除操作，使得下一层遍历 m_TriList 对象时节省了时间。但是基于 STL 文件相邻层之间信息高重复性的特点，被删除的这些元素中，一般绝大多数都还与下一个分层平面相交，所以这就需要建立一个数据存储对象来解决这个问题。创建自由三角表对象 CTypedPtrArray<CObArray, CTuoPu* > m_triTuoPu，存储所有与第一个分层平面相交的三角面片的编号信息。

　　进行下一层上的分层处理时，首先遍历 m_TriList，若 m_TriList 对象中有新的相交三角面片，删除的同时会添加到 m_triTuoPu 中。此外还要对 m_triTuoPu 中的元素进行筛选，以删除那些已不与当前分层平面相交的三角面片，部分操作代码如下：

```
CTriChip* tri;
for(int i=0;i<m_triTuoPu.GetSize();i++)
{
    tri=m_triTuoPu[i];
    if(tri->vex[0].z<Z&& tri->vex[1].z<Z&& tri->vex
[2].z<Z)
    m_triTuoPu.RemoveAt(i);
}
```

　　基于该操作后，对象 m_triTuoPu 中始终存储了与当前分层平面相交的三角面片。不断对 m_TriList 和 m_triTuoPu 进行更新操作时，遍历范围逐渐缩小，在一定程度上减少了三角面片的搜索次数。

5.2.2　动态拓扑结构的建立

　　在获得第一层上的相交三角面片后，为了获得有序的交点，建立基于 m_triTuoPu 对象的动态拓扑结构。

动态拓扑结构有点（Vertex）、边（Edge）和面（Facet）三类，分别建立这三类数据结构的双向循环链表：VertexList、EdgeList 和 FacetList。

图 5.5 所示为双向链表的结构示意图。

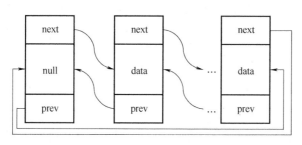

图 5.5　双向链表

双向循环链表节点结构体定义为：

```
typedef struct NameList
{
    DataType data;
    struct NameList*next;
    struct NameList*prev;
}
```

双向链表中，每个节点包含指向前后节点的指针（*prev、*next）和数据信息（data）。点表存储三角面片顶点坐标（float v1，v2，v3）和点索引号（VIndex），边表存储每条边的两个端点的索引号（EVIndex）和共享该边的两个三角的索引号（EFIndex），面表存储组成三角三边的索引号（EIndex）和该三角的索引号（FIndex）。拓扑构建如下：

1）首先建立第一层拓扑关系，从 m_triTuoPu 中任选一个三角面片，将三角面片的三点、三边及面赋初始索引值并将相应数据存入三个表中。

2）搜索下一个三角面片中一点，若点在已存在的点表中无重复，表示该点是一个新出现的点，则给该点赋新索引值并添加到点表（VertexList）中，同时将新索引值赋给共享该点的两条边的 EVIndex。否则，将点表中的索引值赋给共享该点的两条边的索引值 EVIndex。依次搜索该三角面片的三点。

3）搜索三角面片三边中的一边，若边表（EdgeList）中没有该边则表示该边是新边，给该边赋新索引值并添加至 EdgeList 中，同时将该三角面片的面索引号赋给该边的 EFIndex1。否则，将边表中的边索引号赋给面表（FacetList）中该三角面片的 FEIndex1 并把该三角面片的面表索引号赋给 EFIndex2。依次搜索该面片中的三边。

4）读取该层上 m_triTuoPu 中的所有三角面片，完成该层拓扑结构创建。如果下一层的 m_triTuoPu 中无新三角面片加入，则拓扑结构不用更新。若有新面片加入则按照上面的方法对三类数据进行相应的链表更新，那些已被判定为不与分层平面相交的三角面片将其从 FacetList 链表中删除。

假设图 5.6 所示为某个 STL 模型上，某一层上的全部三角面片的展开图。图中的 V、E 和 F 分别代表点、边、面。基于上述方法创建了动态拓扑结构，建立了该层上所有三角面片的拓扑结构。

表 5.3 中的数据是图 5.6 所示的拓扑结构数据信息，对于绝大多数 STL 模型，创建动态拓扑结构时，只有第一层的拓扑结构是完全重建的。第一层之后的拓扑结构基本上都是对前一层拓扑结构进行的局部更新。因此，动态的拓扑结构极大地减少了三角面片的重复利用现象，较之全局拓扑结构有明显的优势。

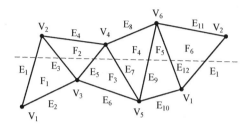

图 5.6　三类数据的关系

表 5.3　拓扑结构

三角面片	点索引值	边索引值	相邻三角面片索引值
F_1	0、1、2	0、1、2	1、5
F_2	1、2、3	2、3、4	0、2
F_3	2、3、4	4、5、6	1、3
F_4	3、4、5	6、7、8	2、4
F_5	0、4、5	8、9、11	3、5
F_6	0、1、5	0、10、11	0、4

　　基于以上操作，在分层过程中遍历范围 m_TriList 逐渐变小，使搜索次数逐渐减少。m_triTuoPu 中的元素不断更新，始终保存了当前层上的所有相交三角面片，并建立了 m_triTuoPu 对象的动态拓扑结构。

5.2.3　闭环轮廓的生成

　　建立了每层上自由三角形表的动态拓扑结构后，就可求出分层平面与相交三角面片的交点以生成闭环轮廓。根据空间内的平面和直线求交点公式即可得到交点坐标，得到的交点同时又是有序的可直接生成的闭环轮廓。

图 5.7 所示为 STL 模型中一个三角面片与第 i 层上的分层平面相交的情况，顶点 V_1 的坐标是 (x_1, y_1, z_1)，V_2 的坐标是 (x_2, y_2, z_2)，分层平面的高度值是 z_p，那么 P 点的坐标求解为：

$$\frac{x_2-x_1}{x_p-x_1}=\frac{y_2-y_1}{y_p-y_1}=\frac{z_2-z_1}{z_p-z_1} \qquad (5.1)$$

进一步化简得：

$$\begin{cases} x=x_1-\dfrac{(x_1-x_2)(z_1-z_p)}{z_1-z_2} \\[3mm] y=y_1-\dfrac{(y_1-y_2)(z_1-z_p)}{z_1-z_2} \\[3mm] z=z_p \end{cases} \qquad (5.2)$$

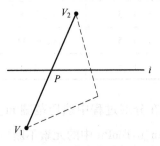

图 5.7　求交点坐标

5.2.4　等厚度分层算法步骤

本文所提的 STL 模型的等厚度分层算法首先要创建储存模型上全部三角面片的对象，其次逐层遍历这个对象找出与分层平面相交三角面片的同时还要实现这个对象范围的逐步变小。最后要建立储存与分层平面相交三角面片的对象，并建立这个对象的动态拓扑结构以生成闭环轮廓。算法的具体步骤如下：

1）创建两个集合类对象 m_TriList 和 m_triTuoPu，用于储存全模型上的三角面片和与当前分层平面相交的三角面片。

2）遍历对象 m_TriList 搜索出与分层平面相交的三角面片，将相交三角面片从 m_TriList 中删除并添加至 m_triTuoPu 中。另外，遍历三角面片时，当三角面片出现 tri->vex［i］.z（i＝0、1、2）时，表明该三者相等，将该类三角面片从 m_TriList 中删除。

3）对 m_triTuoPu 中的元素进行筛选，删除 tri->vex［i］.z（i＝0、1、2）小于分层平面高度的三角面片。

4）建立 m_triTuoPu 对象中所有元素的动态拓扑结构。

5）利用动态拓扑结构进行求交生成闭环轮廓。

6）分层平面上移一个分层厚度值，判断当前分层平面的高度是否已经超出模型的高度，若超出则结束分层，否则返回第 2 步。

5.3 适应性分层方法的实现

与等厚度分层方法不同，适应性分层方法中要给出一个判断层厚的依据并提供层厚变化的范围。在 FDM 成型技术中，层厚范围是由材料和成型设备的喷嘴直径决定的。不同材料的成型温度、热膨胀现象不同。适应性层厚的判断依据，本书采用相邻两层之间的闭环轮廓长度差值率和重心偏移距离的双重因素进行判定。

5.3.1 层厚范围计算

1. 材料的热胀系数

当物体受热时，物体内部粒子的内能增加，使得粒子的运动振幅增大，粒子间的距离随之变大，物体就发生了热胀现象。热胀系数是衡量材料热稳定性的重要指标，热胀系数分为线热胀系数（α）、面热胀系数（β）和体热胀系数（γ）三类，三类热胀系数都表示单位温度变化下各物理量（长度、截面积、体积）的相对变化程度。

$$\alpha = \frac{L_2 - L_1}{L_1 \cdot \Delta T} \tag{5.3}$$

$$\beta = \frac{S_2 - S_1}{S_1 \cdot \Delta T} \tag{5.4}$$

$$\gamma = \frac{V_2 - V_1}{V_1 \cdot \Delta T} \tag{5.5}$$

式中，L_1、S_1、V_1 分别为初始温度下物体的长度、截面积和体积，L_2、S_2、V_2 分别为发生热膨胀后的值，ΔT 为温度变化值。

在测量技术上，由于面热胀系数和体热胀系数比较难测，所以一般都是测量线热胀系数，然后根据关系式近似推算出前两者。假设试体为一立方体，当温度由 T_1 升至 T_2 时，立方体的边长同时由 L_1 变为 L_2。图 5.8 所示为试体热膨胀现象示意图。

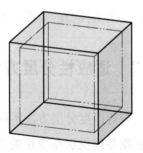

图 5.8　热膨胀现象示意图

根据面热胀系数的求解公式，可以推导出其与线热胀系数的关系为：

$$\beta = \frac{S_2 - S_1}{S_1 \cdot \Delta T} = \frac{(L_1 + \alpha \cdot L_1 \cdot \Delta T)^2 - L_1^{\,2}}{L_1^{\,2} \cdot \Delta T} = 2\alpha + \alpha^2 \cdot \Delta T \tag{5.6}$$

由于上式中线热胀系数较小，可忽略高阶无穷小，取一阶近似，面热胀系数为 2α。

2. 最大和最小层厚值计算

受成型设备自身的条件限制，不同的 FDM 成型设备可允许的最大和最小分层厚度不同，具体表现为喷嘴直径的不同和所用耗材的不同。耗材经送丝机构进入喷头被加热至熔融态，以熔融态细丝形式从喷嘴处挤出落到加工层面上。细丝从喷嘴处被挤出开始到其上下左右都有细丝覆盖时，细丝的横截面形状由最初的圆形变成椭圆形，最后受到力的挤压作用变形成带圆角的矩形。截面形状变化过程如图 5.9 所示。

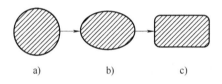

a)　　　　　b)　　　　　c)

图 5.9　截面形状变化过程图

聚乳酸（PLA）材料是由可再生植物资源中的淀粉制成的生物降解材料，成型温度为 210°左右、无刺鼻性气味、收缩率低。在实际成型中，在横截面形状变化过程中细丝的截面面积变化不大。在这里假定图 5.9 所示的各过程中截面面积相等来计算层厚范围，式（5.7）是面积计算公式，式（5.8）是计算截面高度的公式。

$$\frac{\pi \cdot d^2}{4}(1+\beta \cdot \Delta T) = \pi \cdot a \cdot b = a_1 \cdot b_1 \tag{5.7}$$

$$b_1 = \frac{(1+\beta \cdot \Delta T) \cdot \pi \cdot d^2}{4a_1} \tag{5.8}$$

式中，d 是喷嘴直径；β 是 PLA 材料的面热胀系数；ΔT 是温差；a、b 是椭圆长和短半轴长度；a_1、b_1 是圆角矩形的长和高。

PLA 材料在 205°的成型温度下线热胀系数 $\alpha = 260 \times 10^{-6}$，已知横

截面的最佳长高比 $a_1/b_1 = 3.5 \sim 6$，即 $3.5 \leqslant a_1/b_1 \leqslant 6$，在这里 Δt 取 200。

当 a_1/b_1 的值取 3.5 时，可以求得最大层厚值。

$$b_1 = \sqrt{\frac{(1+2\alpha \cdot \Delta T) \cdot \pi \cdot d^2}{14}} \approx 0.4977d \qquad (5.9)$$

当 a_1/b_1 的值取 6 时，可以求得最小层厚值。

$$b_1 = \sqrt{\frac{(1+2\alpha \cdot \Delta T) \cdot \pi \cdot d^2}{24}} \approx 0.3801d \qquad (5.10)$$

由式可知，FDM 设备在使用 PLA 耗材时不同的喷嘴直径 d 对应的理论最佳层厚范围为 $[0.3801d, 0.4977d]$。

5.3.2　适应性层厚计算方法

1. 相邻层轮廓长度差值的求解

计算了理论 PLA 材料在 FDM 成型工艺中设备所允许的最小和最大加工厚度，适应性分层就是在这个加工范围之内根据表面形状变化自动地计算分层厚度，以减小阶梯误差。目前适应性层厚计算方法主要有：基于模型表面曲率的方法，该方法是通过计算模型表面轮廓上各点的曲率值来确定分层厚度，在轮廓上点的曲率计算是比较困难的，且一个层面上要对多个点进行计算就加大了算法的复杂程度；基于面积变化率的方法，该方法是比较相邻两层面积差值的大小进而改变分层厚度，在求面积的时候如果采用三角形分割截面图形方法，则计算量会很大，如果用扫描线求面积则精度难以保证；基于顶尖高度误差的计算方法，该方法计算公式多而烦琐。所以提出基于同一表面相邻两层之间闭环轮廓长度差值比率的判断方法来计算当前分层层厚。

由于在求闭环轮廓的时候已经建立了动态拓扑结构，所以得到的点是有序的。因此可以利用两点之间的距离公式计算闭环轮廓上相邻两点之间的距离，把相邻的所有的线段长度相加就得到了闭环轮廓的长度。根据相邻两层在同一个表面上的闭环轮廓的长度差值比率来控制分层厚度。给定相邻两层最大长度差值比率为 η，当比率小于 η 则沿用最大层厚，否则将减小分层厚度。

式（5.11）是第 i 层上闭环轮廓的长度计算公式，j 代表的是由动态拓扑结构求交后的有序点的序号。式（5.12）是相邻两层之间闭环轮廓长度的差值比率，其中 L_i 代表第 i 层上的闭环轮廓长度。

$$L_i = \sum_{j=2}^{n} \sqrt{(x_j - x_{j-1})^2 + (y_j - y_{j-1})^2 + (z_j - z_{j-1})^2} +$$
$$\sqrt{(x_n - x_1)^2 + (y_n - y_1)^2 + (z_n - z_1)^2} \quad (5.11)$$

$$\eta = \frac{|L_i - L_{i-1}|}{L_{i-1}} \quad (5.12)$$

当出现如图 5.10 所示这样的倾斜程度较大的模型时，相邻层之间的轮廓长度相同，就无法使用相邻层轮廓长度差值法来控制层厚变化。相邻层闭环轮廓的重心出现了偏移，因此要额外计算重心偏移距离来控制此种情况的层厚值。

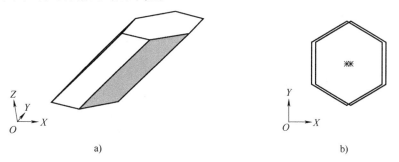

a)

b)

图 5.10　STL 斜六棱柱

2. 闭环轮廓重心的求解

　　分层处理得到的闭环轮廓，实际上是一个多边形。求解闭环轮廓的重心就是求多边形的重心，图 5.11 所示为一个多边形，$P(x_i, y_i)$ 表示多边形的顶点，将多边形划分成多个三角形区域，T 表示三角形区域。

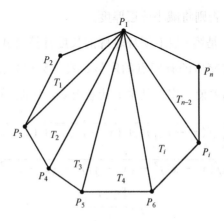

图 5.11　多边形重心求解

　　离散数据点所围成的多边形的重心公式：以 $P(x_i, y_i)$（$i = 1$，$2, \cdots\cdots, n$）为顶点的任意 N 边形 $P_1 P_2 \cdots\cdots P_n$，将它划分成 $n-2$ 个三角形（图 5.11）。每个三角形的面积为 σ_i，那么多边形的重心坐标 $G(\bar{x}, \bar{y})$ 为：

$$\bar{x} = \frac{\sum_{i=1}^{n} x_i \cdot \sigma_i}{\sum_{i=1}^{n} \sigma_i} = \frac{\sum_{i=2}^{n-1} (x_1 + x_i + x_{i+1}) \begin{vmatrix} x_1 & y_1 & 1 \\ x_i & y_i & 1 \\ x_{i+1} & y_{i+1} & 1 \end{vmatrix}}{3 \sum_{i=2}^{n-1} \begin{vmatrix} x_1 & y_1 & 1 \\ x_i & y_i & 1 \\ x_{i+1} & y_{i+1} & 1 \end{vmatrix}} \quad (5.13)$$

$$\overline{y} = \frac{\sum\limits_{i=1}^{n} y_i \cdot \sigma_i}{\sum\limits_{i=1}^{n} \sigma_i} = \frac{\sum\limits_{i=2}^{n-1} (y_1 + y_i + y_{i+1}) \begin{bmatrix} x_1 & y_1 & 1 \\ x_i & y_i & 1 \\ x_{i+1} & y_{i+1} & 1 \end{bmatrix}}{3 \sum\limits_{i=2}^{n-1} \begin{bmatrix} x_1 & y_1 & 1 \\ x_i & y_i & 1 \\ x_{i+1} & y_{i+1} & 1 \end{bmatrix}} \tag{5.14}$$

相邻两层闭环轮廓重心的偏移距离是指将两重心投影至面 XOY 内，两投影点之间的距离即为两重心的偏移距离。若 G_i 表示第 i 层上闭环轮廓的重心坐标，则求解重心偏移距离 δ 的公式为：

$$\delta = |G_i G_{i+1}| = \sqrt{(\overline{x}_{i+1} - \overline{x}_i)^2 + (\overline{y}_{i+1} - \overline{y}_i)^2} \tag{5.15}$$

综合考虑 STL 模型中几何特征的多样性，本书在计算适应性层厚值时，采用闭环轮廓长度差值和重心偏移距离两个值来共同计算。

5.3.3　适应性分层算法的步骤

基于 STL 格式文件的 FDM 成型工艺的适应性分层方法步骤如下：

1）创建两个集合类对象 m_TriList 和 m_triTuoPu，用于储存全模型上的三角面片和与当前分层平面相交的三角面片。

2）遍历对象 m_TriList，搜索出与分层平面相交的三角面片，将相交三角面片从 m_TriList 中删除并添加至 m_triTuoPu 中。另外，遍历三角面片时，当三角面片出现 tri->vex [i].z（i=0、1、2）时，将该类三角面片从 m_TriList 中删除。

3）对 m_triTuoPu 中的元素进行筛选，删除 tri->vex [i].z（i= 0、1、2）小于分层平面高度的三角面片。

4）建立 m_triTuoPu 对象中所有元素的动态拓扑结构。

5）利用动态拓扑结构进行求交，生成当前层闭环轮廓并同时计算闭环轮廓的长度及轮廓的重心坐标。

6）对当前层轮廓长度与重心坐标与上一层的进行比较。若大于给定的阈值，则减小层厚值返回5），否则继续下一步。

7）分层平面上移一个分层厚度值，判断当前分层平面的高度是否已经超出模型的高度。若超出则结束分层，否则返回2）。

5.4　本章小结

本章分析了影响分层处理效率的关键因素，在分层处理环节针对STL模型中三角面片无拓扑结构导致的数据冗余，提出采用遍历范围逐步缩小的方法搜索相交三角面片，尽量减少重复搜索。同时创建自由三角表储存相交三角面片，继而建立基于自由三角表的动态拓扑结构以生成闭环轮廓。适应性层厚由相邻层闭环轮廓长度差值率和重心偏移距离共同决定，提高分层精度的同时效率也得到了保证。

第6章
分区域填充扫描算法

第 4 章研究了 STL 模型切片信息得到轮廓点的数据，并对轮廓中需要被拟合的线段组进行了拟合，但是这些处理仅仅是模型外表面的信息。本章对模型的内部填充算法进行探索研究，因此还需要根据已经得到的轮廓点的数据信息对模型内部进行区域划分，再进行实体内部填充。

熔融沉积成型工艺路径填充的目标就是得到打印喷头的运动轨迹。熔融沉积打印设备喷头的开关次数是影响模型件质量的关键因素之一。如果在扫描填充的过程中出现打印设备喷头反复开关、步进电动机频繁启停的情况，就会造成扫描填充局部区域的材料堆积或者材料的缺失等现象，而且打印机喷头的使用寿命也会缩减。所以在设计熔融沉积成型内部填充算法时，重点解决的问题是要保证当前层截面轮廓上扫描填充路径的连续性，从而避免路径过多造成的不利影响，使填充效率得到较大的提高。

本文使用不同方向的 zigzag 扫描线对模型内部进行填充，对于模型外部和内部轮廓的填充采用的是轮廓偏置填充，两种不同填充方式结合的目的在于兼顾表面精度的同时提高填充速度。

6.1　复合填充方式

　　快速成型技术填充路径的生成算法中，应该重点注意填充效率、模型精度、成型成本、翘曲变形程度和模型的强度等因素。因此填充方式会影响快速成型的填充效率和模型精度。

6.1.1　轮廓偏置填充算法

　　轮廓偏置填充是以第3章提取的模型轮廓线为基础来对实体内部进行填充的方式。这种填充方式的优点是一定程度上减少了空行程，减少了填充路径断裂次数。由于填充内部应力收缩方向分散没有一致性，减少了切平面的翘曲变形，使模型零件的表面精度得到提高。

　　轮廓偏置填充算法的流程图如图6.1所示。

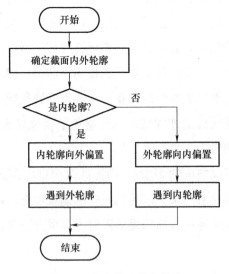

图 6.1　轮廓偏置填充算法

6.1.2　分区域填充算法

分区域填充算法是对比较复杂分层截面轮廓、内部包含内凹凸多边形的情况生成的一种填充算法。主要原因是在实际二维平面填充中，截面轮廓包含的孔、洞等结构，会使打印机喷头多次重复"降速为零→喷头上升→喷头下降→加速→进入工作状态"的过程，在这种频繁重复的情况下会对熔融沉积快速成型过程的质量产生不利影响，且会出现频繁断丝、拉丝等现象，容易在起始位置造成材料的堆积，影响下一层填充，影响模型的填充表面质量。同时在轮廓偏置填充方法下，填充区域的外轮廓线必然会自相交，这就会导致填充线失真。所以，分区域填充算法能很好地解决这类问题。

分区域填充算法的主要步骤是：

1）遵照某一规则将复杂轮廓形状分解成若干个不同的区域。

2）在各个区域按各自规划好的填充算法进行填充。

3）对所得到子区域填充的先后顺序排序，尽量保证区域与区域之间不要有太大空行程。

分区扫描算法的流程图，如图 6.2 所示。

6.1.3　分层扫描填充算法

熔融沉积成型是一个层层叠加的过程，需要考虑成型的整体过程相邻填充截面的接触情况。而分层扫描填充就是使相邻的填充截面扫描填充方式不一样（扫描路径相互错开的角度或者采用不同的扫描方式）。如图 6.3 所示，在奇数层使用长边填充扫描，偶数层使用短边填充扫描。这样奇偶层相互交替，采用不同填充

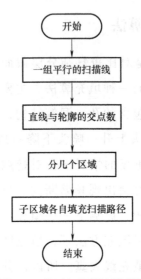

图 6.2　分区扫描算法流程图

扫描的好处是使相邻层接触面积增加，不容易·发生两层分离，保持优良的工艺性。

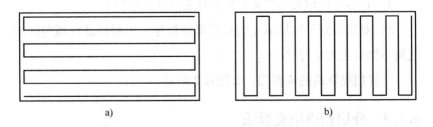

图 6.3　分层填充图

a）奇数层长边扫描　b）偶数层短边扫描

6.1.4　复合扫描填充算法

将多种基本的扫描填充方式相结合从而形成新的扫描填充路

径的填充方式称为复合扫描。轮廓偏置填充扫描的优点是轮廓精度高,缺点是在复杂轮廓扫描填充中容易产生交叉重合,而且算法比较复杂。直线填充扫描效率高、算法简单,然而其缺点是对于复杂形状的模型零件截面,其成型精度不高,且在空腔处会出现拉丝。

6.1.5 本文的复合填充方法

本文采用复合扫描填充路径方法,是将轮廓偏置填充与 zigzag 填充相结合,对模型的内外轮廓采用偏置填充的方式填充内外轮廓,这样就能保证内外轮廓曲线的精度。对轮廓内部使用 zigzag 填充的方式。下面会对 zigzag 填充进行分析。研究这两种扫描填充方式相结合的复合填充方法能够满足当下快速成型对表面精度的要求,如图 6.4 所示。

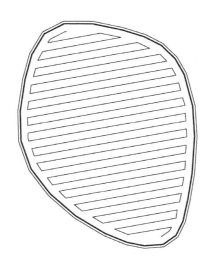

图 6.4　轮廓偏置填充与 zigzag 填充的复合填充方法

6.2　区域分割算法

由于模型可能存在内腔，在该情况下，就需要把模型划分成两个或多个不同区域，方便接下来进行凹边形凸分解，其极限顶点如图 6.5 所示划分的每个子区域存在最优的填充角度，因此就在这个区域采用最优的填充角度进行 zigzag 填充。

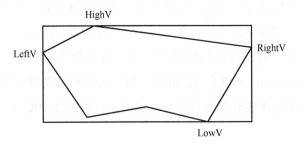

图 6.5　多边形极限顶点

区域分割算法步骤如下：

1）判断多边形轮廓的个数是否为 1，若是则完成分区，否则转到第 2 步。

2）沿 x 轴正方向搜寻第一个内轮廓的多边形，即轮廓多边形的最小 x 坐标值，将这个内轮廓多边形记为 Firstinsidecontour，找到 Firstinsidecontour 的 LowV 点和 RightV 点。

3）从 LeftV 点向左做一条与外（内）轮廓相交的水平线，接着将水平线与轮廓的交点保存。

4）由 RightV 点向右做一条水平线，如果这条水平线与其他内轮廓多边形相交，那么将与水平线相交的多边形轮廓代替 Firstinsidecontour，点 LowV 则用该水平线与这个内轮廓的多边形交点代替，并求得这个内轮廓的 RightV 点，转到 4），若不存在其他内轮廓多边形，则转到 5）。

5）由 RightV 点向右引水平线，与外轮廓交于一点，则保留该点。由此按 LowV 点和 RightV 点的连线作为分界分别把得到的两个多边形轮廓信息存入 Upcontour 和 Downcontour 中。

6）由此将原先的多边轮廓分解成 Upcontour 和 Downcontour 两个单独轮廓，并得到上、下两个外轮廓，如图 6.6 所示。

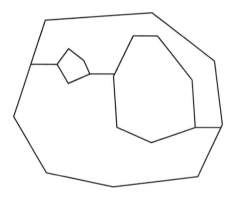

图 6.6 分区后的多边形

6.3 凹边形凸分解

采用凹多边形凸分解的好处是保证分区后每一个多边形的形态质量。然后对每个子多边形进行填充，喷头就无需走太多的空行程，同时在填充过程中不会出现，因为产生的应力使模型发生翘曲变形的情况，进一步提高了模型的精度。

6.3.1 相关概念和定义

由于熔融沉积成型中的模型是由有限小三角面片构成，截面求交后，得到当前层的轮廓是由许多线段组成的多边形。这些封闭的多边形可能存在既有内轮廓也有外轮廓的情况。规定外轮廓以逆时针为正，内轮廓以顺时针为正（即填充区域在轮廓的左侧），本文选取外轮廓为研究对象。

定义 1　简单多边形需要满足的条件：①顶点与顶点不重合。②顶点不在边上。③边与边不相交的多边形。

定义 2　多边形凹点的定义和判断：多边形中任意顶点前后两相邻边构成两个角度，位于多边形内的称为内角，位于多边形外的称为外角，内角大于 180° 的为凹点，内角小于 180° 为凸点，如图 6.7 所示。

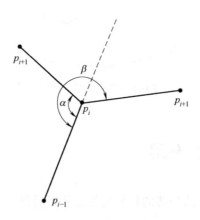

图 6.7　凹凸点的判断

因此在沿着多边形轮廓，按照逆时针方向搜索顶点的过程中，在顶点处方向转变时，扫描方向向右转则该顶点为凹点（即扫描路径

在此直线扫描运动路线延长线的右侧），扫描方向向左转则该顶点为
凸点。

6.3.2 顶点的可视性和最佳剖分可视点

对于多边形的任意一个顶点，若多边形中所有顶点与该顶点
连线形成的线段都在多边形边上或者内部，则称这些顶点为该点
的可视点。

如图 6.8 所示，可视点示意图中顶点 p_{12} 的可视点为：p_2、p_4、
p_5、p_6、p_7、p_8、p_9、p_{10}、p_{11}、p_{13}、p_{14}。

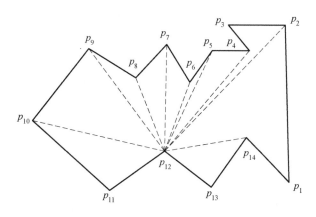

图 6.8 可视点示意图

其余的不完全在多边形轮廓内，所以不是 p_{12} 的可视点。若连接
两个凹点的剖分线，同时这两个凹点在分属的两个子多边形表现为凸
点，即为最佳剖分，剖分线称为最佳剖分线。

约定：构成最佳剖分线的两个凹点互为最佳剖分可视点。

在所有的凹点中能形成最佳剖分线数量最多的凹点称之为最佳
凹点。

很多情况下，凹点可能不存在最佳剖分线，因此需要一个权函数来判断从凹点引出的剖分线得到两个多边形的形态是否最优。

表 6.1　凹点的判断

凹点	最佳剖分凹点	最佳剖分线条数
p_4		0
p_6	p_{12}	1
p_8	p_{12}	1
p_{12}	p_6　p_{12}	2
p_{14}	p_4	0

最优的剖分线为矢量$\boldsymbol{p}_{i-1}\boldsymbol{p}_i$与矢量$\boldsymbol{p}_i\boldsymbol{p}_{i+1}$夹角的平分线（其单位矢量记为$\boldsymbol{p}_i$），这样可以使分解后两个多边形具有较好的形态。

角平分线方程为：

$$Ax+By+C=0 \qquad (6.1)$$

因此本文利用公式（6.1）计算可视区域内可见点到矢量$\boldsymbol{p}_i$的垂直距离大小，距离最短的点就是最佳点及所求的点。若不存在可见点，则用矢量$\boldsymbol{p}_i$作为该凹点的剖分线。p_6可视点区域内p_2、p_3到向量$\boldsymbol{p}_6$的垂直距离分别为a、b，如图6.9所示。已知$b<a$，因此选取p_3为p_6的最合适点。

$$d_i=\frac{|Ax_i+By_i+C|}{\sqrt{A^2+B^2}} \qquad (6.2)$$

式中，A、B、C为常数，x_i、y_i为可视点坐标。

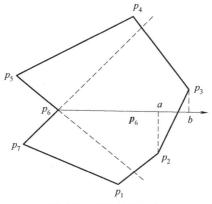

图 6.9   凹点处的剖分

6.3.3   算法流程

1）检索简单多边形 P 轮廓建立凹点串。以简单多边形右下角的点作为起始点，搜索多边形 P 上的拐点，搜索到的拐点记为 p_i。

2）判断是否为凹点，搜索运动轨迹是否遵循右手定则（即被分解区域在搜索路径的左侧），并将搜索出多边形的所有凹点存储在一个凹点串 M，同时记录下该凹点 p_i 的相邻点 p_{i-1}、p_{i+1}。若搜索结束后凹点串 M 内不存在凹点，则输出多边形是凸多边形，算法结束。

3）找凹点可视区域中可能存在的凹点，同时记录在一个数组 A_i 中。第 1）步搜索到的凹点所对应的可视区域内是否存在其他凹点。如果存在凹点则将该凹点储存在数组 A_i 中。数组 A_i 储存的是凹点的下标。

4）找出各凹点的最佳剖分可视点。数组 A_i 最佳可视剖分点的判断过程为：搜索步骤 3）中的每一个数组是否存在 i，若存在 i 的数组个数为 n，则记该凹点最佳剖分可视点为 n。那么 n 最大的凹点就是最佳凹点。

5）以最佳凹点为起始点连接凹点与最佳剖分可视点，多边形被划分成多个区域，若所连接的凹点为相邻的凹点，则最佳剖分线与多边形轮廓所组成的多边形必定不存在凹点。

6）剔除上一步中的已经被连接剖分过的凹点。递归循环4）和5）。

7）不存在可视的凹点，针对此凹点的凸分解则做角平分线与多边形轮廓相交。若区域内存在轮廓线上的点，则与轮廓线上的点相连接。直到不存在凹点，程序结束。

本算法以 Microsoft visual C++2010 为开发平台，运用上述算法思想对不规则轮廓进行凸分解。图 6.10 所示为不规则轮廓分解后的结果。最终被分解成五个独立子区域，从而将复杂的图形转化为多个简单的多边形，极大方便了之后的生成填充路径。

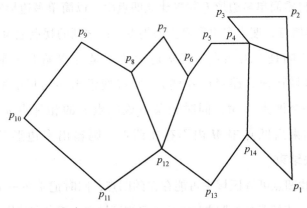

图 6.10　多边形分解实例

6.4　本章小结

本章总结分析了几种区域填充算法的操作方法以及优缺点。根据这几种方法提出了区域分割算法以及凹边形凸分解算法，并对其内容作了解释说明。通过这两个算法可以将复杂的截面轮廓（包含孔、洞等结构）分解成若干个无孔洞的简单子区域。对每一个子区域完成完整的扫描填充，不需要多次抬打印头、减少空行程，且利于模型内部结构性能的提升，可以显著提高填充效率。

第7章
分层与填充算法的测试分析

　　在熔融沉积成型的填充过程中，模型精度和成型时间受多因素的影响，例如喷嘴的直径、喷嘴材料的挤出速度、填充速度、工作温度、分层厚度、电动机延迟时间、空行程速度等。但是，通过许多研究者的实践证明，分层厚度、扫描填充速度、启闭延迟时间、填充间距这四个因素单独或者共同影响着快速成型加工的精度和效率。

7.1 STL 模型数据定量分析

由于 STL 文件的数据信息庞大，一个形状复杂的实体模型甚至由数万个三角面片构成。读取 STL 文件时，实现模型数据的定量分析是非常有必要的。为此，在 STLSlicing 应用程序中设计了"模型属性"菜单，主要实现对三角面片、顶点和表面积等属性的数据统计。

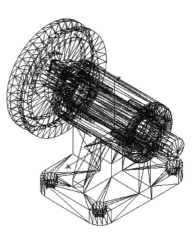

图 7.1 所示为由基座、带轮、法兰盘、传动轴和键五个零件组成的传动装置装配图。图 7.2 所示为在分层软件的"模型属性"菜单

图 7.1 传动装置 STL 模型

下，对图 7.1 所示模型的属性分析。通过分析模型的属性可以对模型有比较直观的认识，同时也为后续的分层处理环节提供了数据基础。

图 7.2 传动装置的模型属性

7.2　分层结果分析

本书开发的分层处理应用程序运行于 Windows 操作系统，不同计算机配置下的程序运行时间不同。实例测试时计算机的配置为：

操作系统：Windows 7 旗舰版 64 位 SP1

CPU：Intel（R）Core（TM）i5-4460 CPU @ 3.20GHz

主板：ASUS B85M-F

内存：4.00GB（Kingston DDR3 1600MHz）

7.2.1　软件分层效果展示

对叉架类零件进行等厚度分层测试，图 7.3 所示为模型的属性信息。由于层厚值选择较小时，在显示器上的显示效果不便于观察，所以等厚度分层时设定的层厚值为 0.5mm。图 7.4 所示为整体分层效果与局部放大图。

图 7.3　叉架零件的模型属性

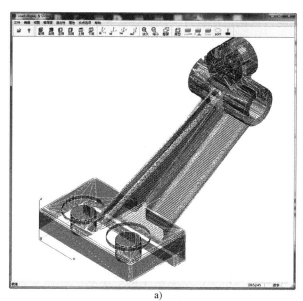

a)

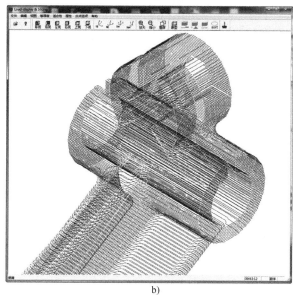

b)

图 7.4　等厚度分层实例

a) 整体分层效果　b) 局部放大图

在本课题开发的应用程序 STLSlicing 中，设计了分层效果的指定层查看功能，可指定具体的某一层进行查看，也可查看某个范围内的分层效果。图 7.5 所示为"可视选项"对话框，用于指定查看范围。

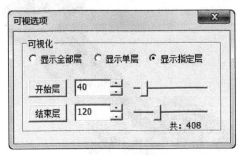

图 7.5　可视选项

图 7.6 所示为叉架零件分层效果的单层显示，图中给出的分别是第 80 层与第 120 层的闭环轮廓。

a)

图 7.6　第 80 层与第 120 层显示

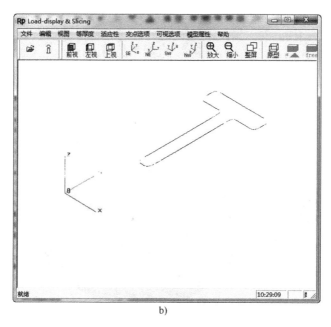

b)

图 7.6   第 80 层与第 120 层显示（续）

图 7.7 所示为叉架零件在等厚度分层下（层厚值为 0.5mm），第 40 至 120 层的局部分层效果图。

为了验证适应性分层中两个决定层厚的因素对层厚值大小的控制效果，建立了一个含球（$r = 20$mm）、圆柱和倾斜圆柱（倾斜角度为 45°）三个特征的三维 STL 模型。设置参数时，依据 FDM 成型设备在喷嘴直径 0.5mm，耗材为 PLA 的条件下，分层范围设定为 0.19 ~ 0.25mm。对控制适应性层厚的两个参数设定两组来测试本书提出的适应性分层算法的可靠性。第一组参数为：$\eta < 0.025$、$\delta < 0.25$mm，第二组参数为：$\eta < 0.020$、$\delta < 0.25$mm。图 7.8 所示为适应性分层选项的对话框。

为了更直观地体现适应性分层的分层效果，选择视图菜单中的

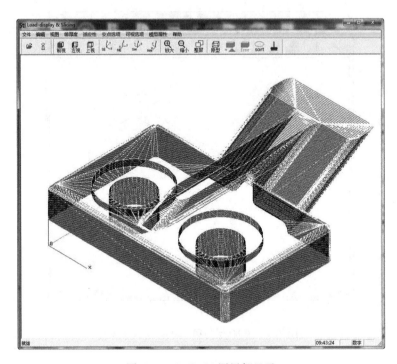

图 7.7　40 至 120 层局部显示

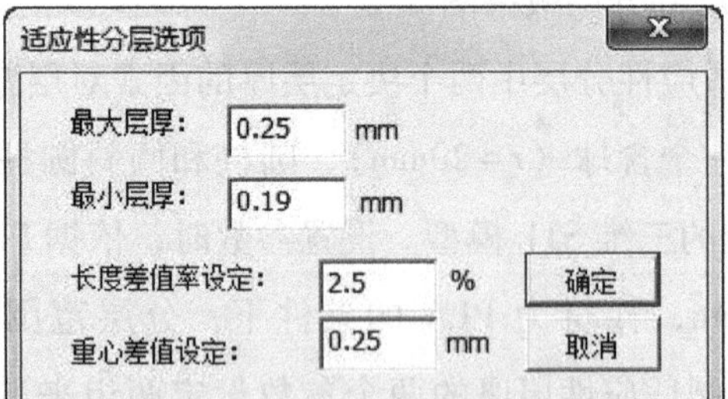

图 7.8　适应性分层参数设置

"前视图"，这样就能在分层方向（Z 方向）上清晰地看出层厚变化的
区域。图 7.9 所示分别是第一组和第二组参数下的适应性分层效果图。

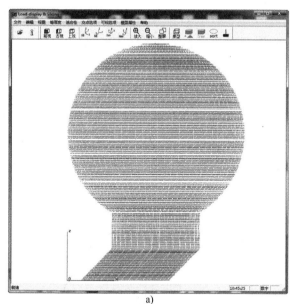

a)

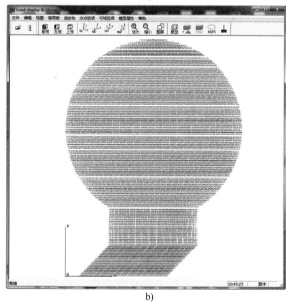

b)

图 7.9　适应性分层实例

基于自由三角表的低冗余动态拓扑结构
分层算法与填充

为了分析图 7.9 所示的 STL 模型的适应性分层结果，将球体（半径为 r）投影至面 YOZ 内，如图 7.10 所示。图中 z 表示第 i 层所处的高度值，dz 表示分层厚度值，$z+dz$ 表示第 $i+1$ 层的高度值，θ 表示投影面内轮廓边缘与圆心连成的线段相对竖直方向上的偏移角度。

本书中适应性层厚的计算是由相邻两层之间的轮廓长度差值率 η 和重心偏移距离 δ 共同决定。在球体中，只需考虑 η。在这里用分层平面与球体表面相交所得的圆的周长近似代替分层处理中闭环轮廓的长度 L。

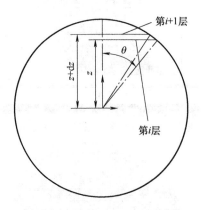

图 7.10　球在 YOZ 面内的投影

根据几何关系可得第 i 层上的轮廓长度为：

$$L_i = 2\pi \cdot r \cdot \sin\theta \tag{7.1}$$

第 $i+1$ 层上的轮廓长度为：

$$L_{i+1} = 2\pi \cdot \sqrt{r^2 - (r \cdot \cos\theta + dz)^2} \tag{7.2}$$

所以，相邻两层上的轮廓长度差值率 η 为：

$$\eta = \frac{|L_{i+1} - L_i|}{L_i} = \frac{r \cdot \sin\theta - \sqrt{r^2 - (r \cdot \cos\theta + dz)^2}}{r \cdot \sin\theta} \tag{7.3}$$

根据上式，可计算出角 θ 的余弦值为：

$$\cos\theta = \frac{dz - \sqrt{dz^2 \cdot (\eta^2 - 2\eta + 1) + r^2 \cdot (\eta^2 - 2\eta)^2}}{r \cdot (\eta^2 - 2 \cdot \eta)} \qquad (7.4)$$

角 θ 的值为：

$$\theta = \arccos\theta \qquad (7.5)$$

将适应性层厚设定的第一组参数值（$r = 20\text{mm}$，$\eta = 0.025$，$dz = 0.25\text{mm}$）代入到式（7.4）中，求出 θ 的余弦值，再根据式（7.5）可以得出 $\theta \approx 39.03°$。在图 7.10 中可以看到角 θ 在 40°附近，层厚值出现了明显的变化，证明实际的适应性分层效果与理论分析基本一致。

将适应性层厚设定的第二组参数值（$r = 20\text{mm}$，$\eta = 0.045$，$dz = 0.25\text{mm}$）代入到式（7.5）中，可以得出 $\theta \approx 29.88°$。在图 7.9 中可以看到角 θ 在 30°附近，层厚值出现了明显的变化，证明实际的适应性分层效果与理论分析相符。

图 7.11 是将一个倾斜角度为 θ 的圆柱投影至 YOZ 的平面图形，其中 $G_i(x_i, y_i, z_i)$ 为第 i 层上闭环轮廓的重心坐标，dz 是分层厚度值。由图 7.11 中的几何关系可以求得相邻层重心的偏移距离（两重心在 XOY 面的投影之间的距离）δ。

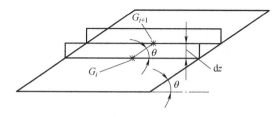

图 7.11 倾斜圆柱体投影

偏移距离 δ 的值为：

$$\delta = \mid G_i G_{i+1} \mid = \frac{\mathrm{d}z}{\tan\theta} \tag{7.6}$$

角 θ 的正切值为:

$$\tan\theta = \frac{\mathrm{d}z}{\delta} \tag{7.7}$$

角 θ 的值为:

$$\theta = \arctan\theta \tag{7.8}$$

将 $\mathrm{d}z = 0.25$,$\delta = 0.25$ 代入式 7.7 中求得 θ 角的正切值,再由式 (7.8) 得 $\theta = 45°$。图 7.9 所示的模型中,$\theta = 45°$,恰好是层厚发生变化的临界值。在图中可以看到倾斜角为 45° 的圆柱体比上方圆柱体的分层厚度发生了明显的变化,实例的分层结果与理论的推算值保持一致,表明了分层算法是可靠的。

7.2.2 软件运行时间

1. 等厚度分层效率测试

为了测试本书中等厚度分层算法的分层效率,对图 7.3 所示叉架零件进行测试。

测试实例在生成 STL 格式时(自 Solidworks 导出),分别选择"粗糙"和"精细"两种品质,如图 7.12 所示。其中,"精细"品质导出的 STL 模型更逼近原 CAD 模型,即模型信息更加复杂。

对本书中提出的等厚度分层算法与现有的等厚度分层算法的分层效率进行了对比,表 7.1 是测试结果的统计,其中算法 1 是基于全局拓扑法的等厚度分层算法,算法 2 是基于分组的等厚度分层算法,算法 3 本课题提出的遍历范围缩小的动态拓扑算法。

图 7.12　STL 模型输出选项

表 7.1　等厚度分层效率表

层厚值/mm	层　数	面　片　数	分层时间/s		
			算法 1	算法 2	算法 3
0.2	510	2492	1.941	1.732	1.323
		9338	3.462	2.876	2.185
0.25	408	2492	1.553	1.397	1.058
		9338	2.769	2.295	1.746

表 7.1 中，本书提出的等厚度分层算法明显比全局拓扑法有更高的分层效率，这是因为图 7.3 所示的叉架零件模型中，出现了大量与分层平面平行或重合的三角面片，在处理该类三角面片时，本书所提出的方法更有优势。而基于分组的分层算法在处理跨度大的三角面片时分层效率比较低，同样在图 7.3 所示的叉架零件模型中，出现了大量的该类三角面片。

2. 适应性分层效率测试

测试本课题中的适应性分层算法时，设定 $\delta = 0.25$，对图 7.9 所

示的 STL 模型（同样含"粗糙"和"精细"两种品质）在不同参数
(η) 设定下，测试软件分层时的运行时间，结果见表 7.2。

表 7.2 适应性分层效率表

η	δ/mm	面 片 数	层 数	分层时间/s
0.025	0.25	2020	232	1.156
		4874	232	1.917
0.045	0.25	2020	227	1.135
		4874	227	1.882

为了比较现有适应性算法与本书中适应性算法的分层效率，将本
书中的适应性分层算法与基于面积的适应性分层算法作比较。其中，
截面面积利用多边形的面积公式来计算，借助图 7.10 所示的几何关
系，可以求出相邻层之间的面积差值率：

第 i 层上的面积为：

$$S_i = \pi \cdot r^2 \cdot \sin^2\theta \qquad (7.9)$$

第 $i+1$ 层上的面积为：

$$S_{i+1} = \pi \cdot [r^2 - (r \cdot \cos\theta + \mathrm{d}z)^2] \qquad (7.10)$$

两层之间的面积差值率为：

$$\mu = \frac{|S_{i+1} - S_i|}{S_i} \qquad (7.11)$$

在实际分层效果测试中，当相邻层面积差值率 μ 分别取 0.045 和
0.085 时（适应性层厚为 0.19~0.25mm），获得与图 7.9 相近的适应
性分层效果，如图 7.13 所示。需要说明的是，面积法与本课题中的
适应性分层法有所不同，面积法无法对图中的倾斜圆柱部分做出改变
分层厚度的判断。即基于面积法的适应性分层获得的分层精度要低于
本书中所采用的适应性分层算法。

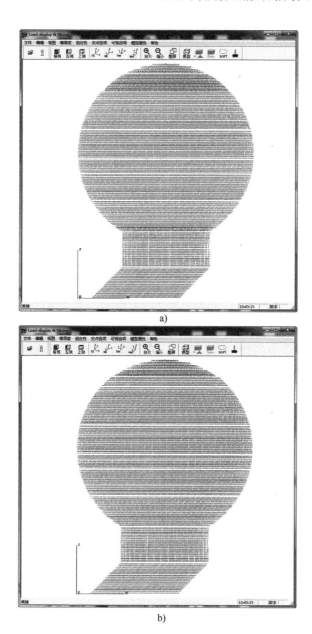

a)

b)

图 7.13　面积法适应性分层

表 7.3 为本书所提出的适应性分层算法与基于面积差值率的适应性分层算法的分层效率的对比结果，其中闭环轮廓长度差值率 η 分别选取 0.025 和 0.045，重心偏移距离 δ 设定为 0.25mm，相邻层面积差值率的阈值 μ 分别设定为 0.045 和 0.085。

表 7.3　适应性分层效率对比表

η	δ/mm	μ	面 片 数	层　数	分层时间/s
0.025	0.25	—	2020	232	1.156
			4874	232	1.917
0.045	0.25	—	2020	227	1.135
			4874	227	1.882
—	—	0.045	2020	220	1.096
			4874	220	1.834
—	—	0.085	2020	217	1.090
			4874	217	1.806

由表 7.3 中的数据可以看出，在相同的模型数据和分层精度下，两种分层算法的分层效率水平是相当的。但本书中的适应性分层算法，比基于面积差值比率的适应性分层算法的分层精度更高，具体体现在实例的倾斜圆柱部分。

7.3　最优填充方向影响因素实例分析

本节对填充角度、速度、加速度以及填充间距对于填充效率的影响进行分析研究，并在设定的参数下比较填充时间得到当前区域填充的最优方向。再结合实例比较其对填充效率的提升。

7.3.1　填充时间和速度模型

本文采用轮廓偏置填充与 zigzag 填充相结合的复合填充策略，从而保证一定的表面精度，提高填充效率。所以为了减少误差且提高填充效率，就需要保证成型设备的喷头以一个稳定速度工作。即：

$$T_{\text{outline}} = \frac{\sum_{i=1}^{n} L_{\text{outline}}}{v_n} \tag{7.12}$$

式中，T_{outline} 为完成偏移轮廓曲线所需要的总时间；L_{outline} 为当前偏移轮廓的长度；n 为所有偏移轮廓曲线的条数。

在第 i 层轮廓的刀具路径的熔融沉积快速生成时间为

$$T_{\text{offset}} = \frac{\sum_{i=1}^{n} L_{\text{offset}}}{v_{\text{normal}}} \tag{7.13}$$

其中，对截面轮廓的内部采用 zigzag 填充的方法，zigzag 填充线包含填充扫描线（Type Ⅰ）和填充扫描连接线（Type Ⅱ）两种线型，如图 7.14 所示。

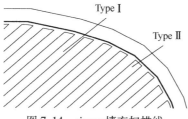

图 7.14   zigzag 填充扫描线

对于形状不变的平面填充部分，填充线长度会因为填充线的角度不同而发生改变。因此，熔融沉积成型区域填充路径的优化目标可以通过求花费时间最少的填充角度来实现。该优化目标函数如式 7.14 所示：

$$\text{Min}\left(\sum_{i=1}^{n} Time(L_{\text{Ⅰ}}^{i}) + \sum_{j=1}^{n} Time(L_{\text{Ⅱ}}^{j}) \right) \tag{7.14}$$

其中，$Time$ 是填充花费时间一个函数函数，L_I^i 表示第 i 行填充线，L_{II}^j 代表第 j 行填充线。$Time$ 是两种线型的填充花费时间的函数，填充时间花费最少、成型效率最高为优化目的。最优填充角度是 $0°$ ~ $180°$ 的范围内，可以通过设定改变角度值，从得到的各个角度的填充时间大小来求得最优的填充角度。

在熔融沉积成型桌面级打印机的运动机构中，步进电动机是完成 x、y、z 三个方向控制的必不可少的执行组件。本文研究目的是为了增强步进电动机在开环工作环境下的工作效率和降低工作过程中产生的冲击力。梯形速度曲线、抛物线速度曲线和 S 形速度曲线是三种常用的速度曲线，如图 7.15 所示。

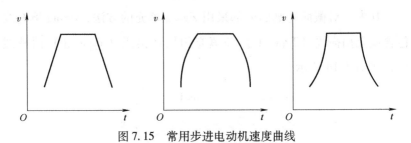

图 7.15　常用步进电动机速度曲线

其中，在三种速度曲线中，梯度速度曲线花费时间最少，但是加速过程中会产生加速度突变的情况，这会导致步进电动机在开始和结束的瞬间力矩出现变化，对成型设备的工作稳定性产生不好的影响。抛物线曲线虽然可以有效地避免上述问题，但是由于其为平缓的加速过程，使得加速过程中需要花费更多的时间。与抛物线曲线相似的 S 形曲线能够满足平稳和无冲击力的要求，但是这牺牲了效率，花费时间也就更长。

通过三种速度曲线也可以看到，后两种模型比较复杂，因此简化复杂性，本文直接使用第一种速度模式来进行填充优化研究，即梯度曲线模式。我们在设定填充线与填充线连接线时，打印机喷头的速度减少为零，这样的好处是防止在连接处产生的瞬时加速度过大，产生的冲击力影响模型的精度，避免翘曲变形，也延长了步进电动机的工作寿命。

在此基础上，建立了熔融沉积成型打印的速度模型如下：

1）在 Type Ⅰ线型和 Type Ⅱ线型连接点处，喷头的速度 v 为 0。

2）喷头工作的最大速度 v。

3）喷头的加速度为 a。

打印机喷头在速度为零加速至 v 再减速至零的过程中，位移大小为：

$$l = \frac{v^2}{a}$$

事实上，每条填充线的长度是不一样的，约定这个位移的值 l 为标准长度值。针对 Type Ⅰ线型和 Type Ⅱ线型的长度（length）与标准长度的比较，有以下三种情况：①实际填充线长度与 l 标准长度相等；②实际填充线长度比 l 标准长度短；③实际填充线长度比 l 标准长度长。图 7.16 所示为以上三种情况的运动学模型。

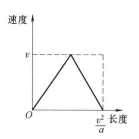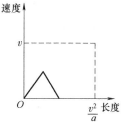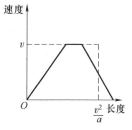

图 7.16　运动学约束模型

计算喷头由最低速度 V_{min} 加速到最高速度 V_{max} 所需要的时间：

$$T_a = \frac{V_{max} - V_{min}}{a} \quad (7.15)$$

计算喷头由最低速度 V_{min} 加速到最高速度 V_{max} 所走的距离：

$$L_{max} = \sqrt{(x_{p1} - x_{p2})^2 + (y_{p1} - y_{p2})^2} \quad (7.16)$$

经化简可以求得三种运动学模型相应的运动时间公式：

$$\begin{cases} Time = \dfrac{2v}{a} \\[2mm] Time = \sqrt{\dfrac{l}{a}} \\[2mm] Time = \dfrac{l}{v} + \dfrac{v}{a} \end{cases} \quad (7.17)$$

7.3.2 最优扫描方向影响因素实例分析

从上一节已经建立的熔融沉积成型运动学模型可以得出结论：填充线的长度、喷头的速度以及加速度会对填充效率产生影响。填充扫描线的方向、填充间距等填充方式又会对填充线的长度产生影响。约定，填充线与 x 轴方向的夹角为当前填充的角度。一般情况下，熔融沉积成型设备桌面级别的喷头直径为 0.4mm，填充线的宽度可以依据填充模型所需的填充方法来确定填充间距。扫描间距值改变，填充线的长度也就发生改变，填充角度的不同也会得到不一样的填充路径，这也就使填充线的长度发生了改变。因此，在熔融沉积成型打印机喷头的最大速度、加速度和填充间距确定的条件下，当前填充截面也必然有一个最优的填充角度。在这个填充角度下填充截面区域，完成填充用时最少、填充效率最高。所以最优填充角度的影响因素有：填充间距、喷头最高速度和喷头的加速度。

为了求得并比较各个填充角度下的填充时间，如图 7.17 所示，本文使用平面直角坐标系旋转坐标变换的方法。

直角坐标系旋转 θ 角后，在新坐标系中对应旧坐标系中数据点坐标值的转变公式为：

$$\begin{cases} x' = x\cos\theta + y\sin\theta \\ y' = -x\sin\theta + y\sin\theta \end{cases} \quad (7.18)$$

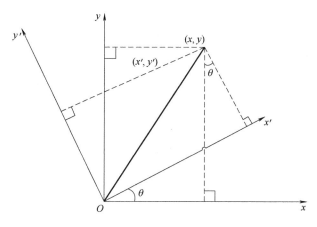

图 7.17 坐标变换

在熔融沉积成型打印直角空间坐标系中，旧坐标系里三个坐标轴方向上的单位向量为：

$$\begin{cases} \boldsymbol{x} = (1,0,0) \\ \boldsymbol{y} = (0,1,0) \\ \boldsymbol{z} = (0,0,1) \end{cases} \quad (7.19)$$

各个坐标轴方向单位向量通过坐标旋转变换得到单位向量为：

$$\begin{cases} \boldsymbol{x} = (\cos\theta, \sin\theta, 0) \\ \boldsymbol{y} = (-\sin\theta, \cos\theta, 0) \\ \boldsymbol{z} = (0,0,1) \end{cases} \quad (7.20)$$

　　约定在 0°～180°时，逆时针旋转方向为正，按着逆时针方向旋转一周，每次增加 1°。设置填充扫描间距、熔融沉积成型打印速度以及加速度，在每个角度下分别生成填充线，对比每个填充角度下填充花费的填充时间，则填充时间最短的角度就是最优填充角度。如图 7.18 所示，用实例来说明填充间距、喷头最大填充速度和喷头加速度均会影响最优填充角度。

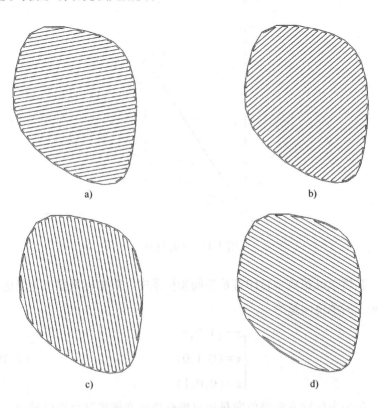

图 7.18　最优方向影响实例

a) 10°　b) 40°　c) 100°　d) 150°

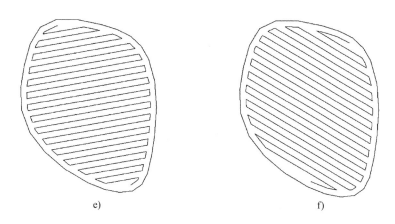

e)   f)

图 7.18　最优方向影响实例（续）

e）10°　f）150°

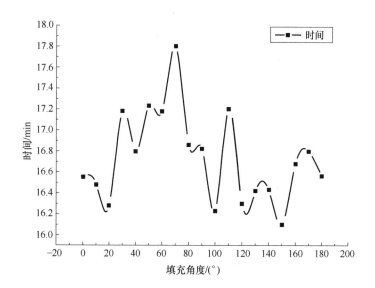

图 7.19　不同 zigzag 填充方向时间图

表 7.4　最优角度影响因素

	间距/mm	速度/(mm/s)	加速度/(mm/s²)	最优方向	时间/s
a	6	10	2	20°	966
b	8	10	2	164°	797
c	10	10	2	142°	643
d	6	15	2	150°	864
e	6	20	2	100°	717
f	6	10	4	20°	927
g	6	10	6	20°	899

　　通过图 7.19 和表 7.4 数据理论分析可得，填充时间长短的本质决定因素是填充过程中喷头以最高速度行驶距离的长短，因为喷头行驶过程遵循开始的"加速→匀高速→减速"的运动模式，所以在高速行驶的时间越长则完成整个填充过程花费的时间就越短，即哪个方向上的填充直线距离越长，填充总时间就会越短。因此，由 a、d、e 三组数据可以看出，速度的增大，填充总时间也就减少了。对比 a、b、c 三组数据，间距变大引起填充时间减少，间距改变的本质是增加或者减少了模型轮廓内部填充路径直线段的数目，间距越大，填充路径直线距离越远，则路径直线段数目越少，线段的总体长度相应减少。相反间距越小，填充路径直线越密集，则路径直线段数目越多，线段的总体长度相应增加，因此填充时间也就增加了。对比 a、f、g 三组数据，加速度增大，填充时间减少，喷头的填充加速度的变化直接影响了喷头是否能快速到达最高的填充速度，从而影响了填充时间。因此在同一台熔融沉积成型打印机下，必然存在一个最优的填充角度，在这个角度上以最高速度填充的运动时间较长，填充所需的总

时间最短。填充线的角度在给定填充线间距的条件下，能够作为提高成型效率的优化因素之一，从而优化填充路径缩短成型时间，进而提高成型效率。

7.3.3 车门熔融沉积成型区域填充路径优化实例

本文选取的研究对象为汽车车门模型，为了方便研究，提取其重要的结构特征建立模型，对模型去掉工艺孔等。

经过处理后对车门按照熔融沉积成型打印的步骤进行分层处理，并设置相应的加工参数，按照本文填充路径优化方法进行划分区域，然后进行填充线的轨迹优化，优化结果如图 7.20 所示。

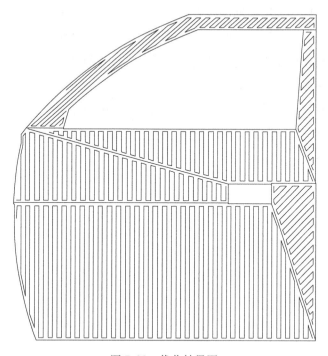

图 7.20 优化结果图

填充参数的设置：填充间距 24mm，速度为 10mm/s，加速度 $2mm/s^2$。

如果未进行分区优化的模型轮廓采用填充扫描方向为 0°，则填充总时间为 4636.7s。优化分区域后的填充时间为 3941.3s，时间变化为 695.4s，效率提升了 15.1%。优化结果较好，填充效率有明显的提高。

7.4 本章小结

本章首先对 STL 模型属性信息进行定量分析，其次对上章所阐述的等厚度和适应性分层算法进行了实例验证。理论计算结果基本与实例验证结果相符，表明本文提出的分层算法是可靠的。建立熔融沉积成型打印机喷头的运动学模型，通过在给定的参数下对步进电动机梯度加速模式进行研究分析，比较各个不同填充角度的成型时间，进而确定最优的填充角度。同时研究间距、速度和加速度对填充时间的影响，并通过实例计算结果，说明本文提出的优化研究算法可以有效地提高成型效率。

第8章
总结与展望

    随着科学技术的快速发展，快速成型这种先进的科学技术也走进人民生活，其优异性越来越被人们开发应用，服务于人民生活。但是现在快速成型技术的效率低限制了其在行业中的大规模应用，因此如何在满足一定精度要求下，提高快速成型效率变得特别重要。

8.1　总结

　　快速成型作为一种先进的制造技术，自诞生以来得到了迅速发展，目前在制造业领域占据重要的位置。分层处理作为快速成型技术中最核心、最重要的环节，直接决定了成型精度和效率。

8.1.1　基于 STL 模型的快速成型分层方法研究

　　本文在大量查阅有关快速成型技术分层处理方面相关文献和技术成果的基础上，针对 STL 模型熔融沉积成型工艺中的分层处理环节进行了深入的研究。主要完成了以下工作：

　　1）基于 MFC 单文档程序框架与 OpenGL 图形库，实现了文本（ASCII）格式 STL 模型的读取与可视化。能够对模型进行平移、旋转、缩放及多视角显示等操作。

　　2）分析了熔融态耗材从加热头挤出至成型平面过程中的形态变化。针对 PLA 耗材的线热胀系数和加热头喷嘴的直径大小，推导了不同耗材和喷嘴直径下的理论分层厚度范围。

　　3）对影响 STL 模型等厚度分层效率和精度的因素进行了深入分析，提出在搜索相交三角面片时采用逐步递减遍历范围的方法，并建立了基于自由三角表的动态拓扑结构，实现了 STL 模型的高效等厚度分层。

　　4）分析了现有的适应性层厚计算方法，提出利用相邻两层闭环轮廓差值和闭环轮廓重心偏移距离的双因素约束法，来控制模型在表面形状突变区域的分层厚度，以确保成型精度。

8.1.2　熔融成型区域填充路径优化研究

对于熔融成型区域填充路径优化的研究工作，本文的主要工作及创新点如下：

对熔融沉积成型技术中的 STL 文件数据进行了处理分析，并对熔融沉积成型工艺过程中原理性误差、工艺性误差和主要工作参数进行了分析，从理论上分析总结影响精度的误差来源以及如何提高打印效率。

根据 STL 文件相关数据将分层得到当前层模型截面轮廓进行提取并运用交点跟踪法来得到当前截面轮廓点进而求得当前分层截面轮廓线，并对得到需要被拟合的线段组，使用 NURBS 曲线对曲线部分进行拟合，其结果是得到与实际轮廓更接近的轮廓曲线来减少误差。

对于复杂的截面轮廓，比如存在孔、洞的特征轮廓，需要多次跨越内孔增加了电动机启停次数，因此本文提出了区域分割填充算法和凹边形凸分解的方法来有效避免电动机频繁启停，可以提高填充速度。分区域填充也可以很好地减少填充过程中产生的内应力，减少发生翘曲变形的可能性，保证了成型件的力学性能。

对步进电动机梯形加速度曲线运动模型的研究，并建立了运动学模型，利用坐标变换原理在 $0° \sim 180°$ 内生成填充线，在设定的参数下比较填充时间长短，从而确定最优的填充方向。在分割得到的若干子区域内采用适合本区域最优的填充方向对该区域进行填充，每个子区域无需抬喷头就可以连续填充完成，从而有效地减少打印时间。通过实例验证本文提出的方法可以在保证模型表面精度的条件下有效地提高填充速度。

8.2　展望

本文尚需进一步开展研究的工作包括：

1）本文所开发的分层软件，没有考虑 STL 模型导出时的出错问题。如果模型出错，程序将无法运行，后期仍需补充模型修复的相关功能。

2）STL 模型的可视化环节，应用程序 STLSlicing 只实现了对文本格式 STL 模型的读取与显示，对二进制格式的 STL 模型还无法实现。

3）在计算适应性分层的层厚范围时，由于实验室条件限制，只在理论上进行了热胀系数的推导计算，没有对 PLA 材料的热胀系数进行实测。

4）本文提出的分层算法，可能还不是最优的，后期可能还需对分层算法进行改进与更新。

本文实现了分层处理环节中 STL 的可视化和相关变换操作、等厚度分层和适应性分层闭环轮廓的生成环节。但由于研究时间、经费投入、实验环境、平台条件等限制，得到的结论有可能存在数据不充分的情况。在填充过程中可能还存在其他没有考虑到的影响因素。今后的研究有必要进行更多模型的成形实验，研究模型轮廓拟合更加精准的拟合算法，研究填充的上下邻层之间的链接状况，并对填充过程中进行温度场分析和应力变化分析，根据温度和应力的变化来求得每个子区域适合的填充间距。

参 考 文 献

[1] YU WENQIANG, NIE ZHENGWEI, LIN YUYI, et al. Analysis of Extrusion Parameters in the Fused Deposition Modeling Process [C/OL]. ASME 2020 IDETC-CIE, August 17-19, 2020, http://asmedigitalcollection. asme. org/IDETC-CIE/proceedings-pdf/IDETC-CIE2020/83983/V009T09A019/6586620/v009t09a019-detc2020-22280. pdf.

[2] JAMIESON R, HACKER H. Direct slicing of CAD models for rapid prototyping [J]. Rapid Prototyping Journal, 1995, 1 (2): 4-12.

[3] RAJAGOPALAN M, AZIZ N M, JR C O H. A model for interfacing geometric modeling data with rapid prototyping systems [J]. Advances in Engineering Software, 1995, 23 (2): 89-96.

[4] DOLENC A, MÄKELÄ I. Slicing procedures for layered manufacturing techniques [J]. Computer-Aided Design, 1994, 26 (2): 119-126.

[5] SABOURIN E, HOUSER S A, BØHN J H. Adaptive slicing using stepwise uniform refinement [J]. Rapid Prototyping Journal, 1996, 2 (4): 20-26.

[6] SABOURIN E, BØHN J H, HOUSER S A. Accurate exterior, fast interior layered manufacturing [J]. Rapid Prototyping Journal, 1997, 3 (2): 44-52.

[7] JAMIESON R, HACKER H. Direct slicing of CAD models for rapid prototyping [J]. Rapid Prototyping Journal, 1995, 1 (2): 4-12.

[8] ZHIWEN ZHAO, ZHIWEN LIU. Adaptive direct slicing of the solid model for rapid prototyping [J]. International Journal of Production Research, 2000, 38 (1): 69-83.

[9] HAYASI M T, ASIABANPOUR B. A new adaptive slicing approach for the fully dense freeform fabrication (FDFF) process [J]. Journal of Intelligent Manufacturing, 2013, 24 (4): 683-694.

［10］ LEE K H, WOO H. Direct integration of reverse engineering and rapid prototyping ［J］. Computers & Industrial Engineering, 2000, 38 (1): 21-38.

［11］ WU Y F, WONG Y S, LOH H T, et al. Modelling cloud data using an adaptive slicing approach ［J］. Computer-Aided Design, 2004, 36 (3): 231-240.

［12］ 邓培森, 陈绍平, 沈均成. 三次 NURBS 曲线相关积分量的精确计算公式及其应用 ［J］. 武汉理工大学学报 (交通科学与工程版), 2014, 38 (3): 652-657.

［13］ 姜化凯, 于文强. 基于 FDM 成型工艺的适应性分层方法研究 ［J］. 制造技术与机床, 2016 (10): 38-43.

［14］ GAN G K, JACOB, CHUA CHEE KAI, TONG MEI. Development of a new rapid prototyping interface. Computers in Industry, 1999, 39: 61-70.

［15］ 应泉莉, 张晓杰, 刘新山. 计算复杂多边形面积的组合三角形法 ［J］. 山东建筑大学学报, 2001, 16 (4): 65-69.

［16］ YU WENQIANG, NIE ZHENGWEI, LIN YUYI. Research on the slicing method with equal thickness and low redundancy based on STL files ［J］. Journal of the Chinese Institute of Engineers, 2021 (01).

［17］ 李湘生, 韩明, 史玉升, 等. SLS 成形件的收缩模型和翘曲模型 ［J］. 中国机械工程, 2001 (8): 887-890.

［18］ 王天明, 习俊通, 金烨. 熔融堆积成型中的原型翘曲变形 ［J］. 机械工程学报, 2006 (3): 237-242.